瓜菜节水实用技术手册

◎ 代艳侠　李　晨　主编

中国农业科学技术出版社

图书在版编目（CIP）数据

瓜菜节水实用技术手册 / 代艳侠，李晨主编. —北京：中国农业科学技术出版社，2020. 1

ISBN 978-7-5116-5144-0

Ⅰ. ①瓜… Ⅱ. ①代… ②李… Ⅲ. ①瓜类蔬菜－节水栽培－栽培技术－手册 Ⅳ. ①S642.07-62

中国版本图书馆 CIP 数据核字（2021）第 024440 号

责任编辑 白姗姗
责任校对 贾海霞
责任印制 姜义伟 王思文

出 版 者 中国农业科学技术出版社
北京市中关村南大街12号 邮编：100081
电 话 （010）82106638（编辑室）（010）82109702（发行部）
（010）82109709（读者服务部）
传 真 （010）82106650
网 址 http: // www.castp.cn
经 销 者 各地新华书店
印 刷 者 北京建宏印刷有限公司
开 本 880mm×1 230mm 1/32
印 张 4.875
字 数 132千字
版 次 2021年1月第1版 2021年1月第1次印刷
定 价 29.80元

《瓜菜节水实用技术手册》

编委会

主　编：代艳侠　李　晨

副主编：曾　烨　哈雪姣　郭月萍

编　委：夏　冉　安顺伟　孟范玉　冯文清
张　远　田　琳　邱孟超　李　婵
李　冲　周　婕　王　震　赵永和
高春燕　高德胜　张　新　李洪伟
崔广禄　潘　琳　孙莉莉　相玉苗

前　言

我国是农业大国，农业用水在我国当前总用水量中所占比重大。与此同时，我国是一个水资源短缺的国家，而农业灌溉中，水资源利用效率普遍不高，大力发展节水农业成为当下的必然选择。节水农业是提高用水有效性的农业，是水、土、作物资源综合开发利用的系统工程，根据农作物生长发育的需水规律以及当地自然条件下的供水能力，为有效利用天空降雨和灌溉水来达到农作物最好的增产效果和经济效益而采取的各种措施，节水不是最终的目的，高效用水才是最终目标。而节水灌溉是节水农业的中心，也是农业现代化的重要组成部分。节水灌溉是指合理开发利用水资源，用工程技术、农业技术及管理技术来达到提高农业用水效益的目的。节水农业是随着节水观念的加强和具体实践而逐渐形成的。它包括四个方面的内容：一是农艺节水，即农学范畴的节水，如调整农业结构、作物结构，改进作物布局，改善耕作制度（调整熟制、发展间套作等），改进耕作技术（整地、覆盖等）；二是生理节水，即植物生理范畴的节水，如培育耐旱抗逆的作物品种等；三是管理节水，即农业管理范畴的节水，包括管理措施、管理体制与机构，水价与水费政策，配水的控制与调节，节水措施的推广应用等；四是工程节水，即灌溉工程范畴的节水，包括灌溉工程的节水措施和节水灌溉技术，如精准灌溉、微喷灌、滴灌、涌泉根灌等。

“农业节水”与节水灌溉的含义类似，但其节水的范围更广、更深，包括生物节水、农艺节水和旱作农业节水等，它是以水为核心，研究如何高效利用农业水资源，保障农业可持续发展。农业节水的最终目标是建设节水高效农业。农业节水，不仅要研究农业生产过程中的节水，还要研究与农业用水有关的水资源开发、优化调配、输水配水过程的节约等。

针对目前瓜菜生产中常见的节水灌溉形式，编写了《瓜菜节水实用技术手册》，本书介绍了我国节水农业现状、节水农业技术及常见瓜菜节水灌溉技术实例，并收集了100余张灌溉操作实例照片，供广大读者参考。由于编者水平有限，书中难免出现不妥与欠缺之处，恳请广大读者批评指正。

编　者

2020年11月

目　录

第一章　节水农业概况及分类

第一节　节水农业概况

我国是一个水资源严重短缺的国家，人均水资源占有量约为世界平均的1/3，排在世界第109位，单位耕地灌溉用水只有2 670立方米/公顷，而且在时空的分布上又极为不均。旱灾频繁，降水分布不均，因而灌溉在农业生产中作用巨大。因此，发展节水农业势在必行。节水农业技术体系是由水资源、工程、农业、管理四部分的节水技术构成的综合型技术体系。其核心内容是对包括地面水、地下水、土壤水和可利用的废水在内的农用水资源展开合理的研发与利用的灌溉工程节水技术。目前最有效的节水措施主要包括渠道防渗技术、高压管道灌溉技术、喷灌技术、滴灌技术和改良沟畦灌溉技术等（图1–1、图1–2）。

图1–1　喷灌技术

图1–2　微喷灌溉技术

我国是世界上最大的肥料生产国和消费国，2009年化肥消费量已达4 400多万吨。而据测算，目前我国化肥的利用率只有25%～30%。化肥流失不仅造成资源的极大浪费，而且严重污染了环境。因此，寻求最佳的水肥管理措施，提高水肥资源利用率，对于解决目前资源短缺、提高资源利用率意义重大，而且是发展现代农业、促进农业可持续发展的重要保障（图1-3）。

水肥一体化技术将灌溉和施肥融为一体，可以根据作物生长过程中对水分和养分的需求，提供作物适量的水分和养分，保证作物在吸收水分的同时吸收养分，被认为是当今世界上水、肥利用效率最佳的技术。目前，我国推广应用的水肥一体化技术主要是微灌施肥技术，微灌包括滴灌、微喷、渗灌和小管出流等形式（图1-4）。

图1-3　大水漫灌

图1-4　水肥一体化技术

第二节　节水技术分类

一、农艺节水

农艺节水是利用农业技术手段，根据种植区域内地形条件、气候、经济发展等因素，采用各种节水形式和节水抗旱品种，改革耕作制度和种植制度，通过农业综合技术、充分利用各种形式水资源，来抑制土壤的蒸发和农作物的蒸腾，以达到节水的目的。农艺节水是众多环节中非常关键的一个环节，而且农艺节水需要与农业生产过程紧密联系在一起，这样才能有效地发挥农艺节水效果，并保证在大范围内发挥作用（图1-5）。

图1-5 “M”畦作畦方式

二、生物节水

生物节水是利用抗旱和高水分利用效率、高产优质的动植物品种，特别是以农作物为主的生物节水，产生更大的经济效益和生态效益。生物节水有三层含义：一是利用生物覆盖减少水土流失，保持水分；二是利用抗旱耐旱节水植物品种，减少对土壤水分的消耗和对灌溉用水的需求；三是提高水分利用效率，让每一滴水产出更多的粮食和提高经济效益（图1-6）。

图1-6 膜下微喷技术

三、管理节水

农业管理范畴的节水，包括土壤墒情监测、节水灌溉制度、水资源政策管理等。

节水灌溉制度是根据农作物的生理特点，通过灌溉和农艺措施，调节土壤水分，对农作物的生长发育实施促、控管理，投入低，见效快。一般农民通过看天、看地、看苗进行合理灌溉。农业技术人员一般采用土壤墒情监测或安装张力计观察土壤墒情（图1-7）。

图1-7　土壤墒情监测

四、工程节水

节约农田灌溉用水的水利工程。我国农业用水中输水系统水分损失占灌溉用水总损失量的主要部分，一般输水损失达到50%。管道输水可大幅度减少输水损失。为降低灌溉成本，我国科技人员引进和开发出一些实用灌溉技术，包括小畦灌、定额灌（图1-8）、波涌灌、隔沟灌、膜上灌、膜下灌等，实现节水10%～50%，增产10%～30%。目前主要采取小畦灌溉、喷灌、微灌、渠道防渗、管道输水、膜上灌水等工程技术措施。

图1-8　定额灌溉技术

第二章　农艺节水技术

第一节　覆盖保墒技术

作物田间通过利用作物秸秆或地膜覆盖，可以截留和保蓄雨水及灌溉水，保护土壤结构，降低土壤水分消耗速度，减少棵间蒸发量和养分损耗，从而提高水资源利用效率，同时该技术具有调节土温、抑制杂草生长等多方面的综合作用。覆盖保墒技术根据覆盖材料的不同分为地膜覆盖和秸秆覆盖两种形式。

一、地膜覆盖保墒技术

（一）地膜覆盖的优点

地膜覆盖种植技术具有提墒保墒、增温保温、蓄水和改善光照条件、促进作物早熟高产、抑制土壤的棵间蒸发、改善土壤微生物活动与物理性状，以及抑制膜内杂草生长等多方面的综合作用（图2-1、图2-2）。

图2-1　覆膜保墒技术

图2-2　覆盖地膜

（二）地膜覆盖的方式

依当地自然条件、作物种类、生产季节及栽培习惯不同而异。

1. 平畦覆盖

畦面平，有畦埂，畦宽1～1.65米，畦长依地块而定。播种时或定植前将地膜平铺畦面，四周用土压紧，或是在短期内临时性覆盖。覆盖时省工，容易浇水，但浇水后易造成膜面淤泥污染。覆盖初期有增温作用，随着淤泥的加重，到后期又有降温作用。一般用于大蒜等。

2. 高垄覆盖

畦面呈垄状，垄底宽50～85厘米，垄面宽30～50厘米，垄高10～15厘米。地膜覆盖于垄面上，垄距50～70厘米，每垄种植单行或双行甘蓝、莴笋、甜椒、花椰菜等。高垄覆盖受光较好，地温容易升高，也便于浇水（图2-3）。

3. 高畦覆盖

畦面为平顶，高出地平面10～15厘米，畦宽1～1.65米。地膜平铺在高畦的面上。一般种植高秧支架的蔬菜，如瓜类、豆类、茄果类以及粮、棉作物。高畦高温增温效果较好，但畦中心易发生干旱（图2-4）。

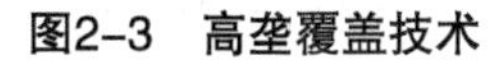
图2-3　高垄覆盖技术

图2-4　高畦覆盖技术

二、秸秆覆盖保墒技术

（一）秸秆覆盖的优点

秸秆覆盖的抑蒸保墒效应可波及土体深1米，减少耗水量。同时，秸秆覆盖具有成本低、就地取材、使用方便、无污染、改良土壤、培肥地力、增加降水入渗且保墒效果好等优点（图2-5）。

图2-5　秸秆覆盖技术

（二）秸秆覆盖方式

直茬覆盖：主要应用于小麦联合收割机收获后，小麦高茬覆盖地表。

粉碎覆盖：用秸秆还田机对作物秸秆直接进行粉碎覆盖。

带状免耕覆盖：用带状免耕播种机在秸秆直立状态下直接播种。

浅耕覆盖：用旋耕机或旋播机对秸秆覆盖地进行浅耕地表处理。

休闲期覆盖：在上茬作物收获后，及时浅耕灭茬，耙耱平整土地后将秸秆铡碎成3～5厘米覆盖在闲地上，覆盖量视土壤肥力状况，一般4 500～7 500千克/公顷。

总之，覆盖量以把地面盖匀、盖严但又不压苗为度。一般以3 750～15 000千克/公顷为宜，应酌情掌握。一般原则是：休闲期农田覆盖量应该大些，作物生育期覆盖量应该小些；用粗而长的秸秆作覆盖材料时量应多些，而用细而碎的秸秆时量应少些。

采用农作物生产的副产品（茎秆、落叶）或绿肥为材料进行农田覆盖。一般情况下，麦秸、稻草、玉米秸秆、麦糠等都可以作为农田和果园的覆盖材料。

另外，秸秆覆盖技术还可以跟节水高效灌溉技术和其他农艺节水措施相结合，进行集成配套，形成节水、增产、增效的综合技术模式。

第二节　有机肥保墒技术

一、有机肥的功能

有机肥俗称农家肥，是指含有大量生物物质、动植物残体、排泄物、生物废物等物质的缓效肥料。有机肥中不仅含有植物必需的大量元素、微量元素，还含有丰富的有机养分，有机肥是最全面的肥料。施用有机肥可以促进土壤团粒结构的形成，提高土壤通透性、保水性、保肥性，在有机肥料中的腐殖质能浸润土壤团块，使其具有疏水性，减弱土壤浸湿过程和毛管水的移动速度，使土壤水分的蒸发量减少和土壤持水能力增强，因而改善了土壤水分状况。

有机肥在农业生产中的作用主要表现在以下几个方面。

（一）改良土壤、培肥地力

有机肥料施入土壤后，能有效地改善土壤理化状况和生物特性，熟化土壤，增强土壤的保肥供肥能力和缓冲能力，为作物的生长创造良好的土壤条件。

（二）增加产量、提高品质

有机肥料含有丰富的有机物和各种营养元素，为农作物提供营养。有机肥腐解后，为土壤微生物活动提供能量和养料，促进微生物活动，加速有机质分解，产生的活性物质等能促进作物的生长和提高农产品的品质。

（三）提高肥料的利用率

有机肥含有养分的成分多，但相对含量低，释放缓慢，而化肥单位养分含量高，成分少，释放快。两者合理配合施用，相互补充，有机质分解产生的有机酸还能促进土壤和化肥中矿质养分的溶解。有机肥与化肥相互促进，有利于作物吸收，提高肥料的利用率。

二、有机肥的合理使用

有机肥具有化学肥料不可比拟的优点，它不仅肥效长久，还含有大量的微量元素。但过量施用有机肥也会同过量施用化肥一样产生危害，其表现为作物根部吸水使作物逐渐萎缩而枯死，且发生烧根黄叶、僵苗不长、叶片畸形等病状。严重后果主要是过量施用有机肥造成土壤中缺水、养分不平衡，使土壤中硝酸离子成分聚积，硝酸盐含量超标，从而使作物发生肥害。建议采用测土配方施肥，根据种植作物的不同，合理施用肥料以免造成不必要的浪费（图2-6）。

图2-6　合理施用有机肥

第三节　秸秆还田保墒技术

秸秆还田是把不宜直接作饲料的秸秆（麦秸、玉米秸和水稻秸秆等）直接或堆积腐熟后施入土壤中的一种方法。秸秆中含有大量的新鲜有机物料，在归还于农田之后，经过一段时间的腐解作用，就可以转化成有机质和速效养分，既改善土壤理化性状，也可供应一定的钾等养分。秸秆还田可促进农业节水、节成本、增产、增效，在环保和农业可持续发展中也应受到充分重视。

一、秸秆还田途径

秸秆还田按途径分有直接还田和间接还田。采取直接还田的方式比较简单，方便、快捷、省工。还田数量较多，一般采用直接还田的方式比较普遍。直接还田又分翻压还田和覆盖还田两种。翻压还田是在作物收获后，将作物秸秆在下茬作物播种时或移栽前翻入土中。覆盖还田是将作物秸秆或残茬，直接铺盖于土壤表面。间接还田包括一般堆沤还田、过腹还田。过腹还田是利用秸秆饲喂牛、马、猪、羊等牲畜后，秸秆先作饲料，经禽畜消化吸收后变成粪、尿，以畜粪尿施入土壤还田。堆沤还田是将作物秸秆制成堆肥、沤肥等，作物秸秆发酵后施入土壤。

秸秆利用最简单的方法就是粉碎后直接还田，这也是各地大力推广、应用最多的模式。由于化肥的大量施用，有机肥的用量越来越少，不利于土壤肥力的保持和提高。而秸秆经粉碎后直接翻入土壤，可有效提高土壤内的有机质，增强土壤微生物活性，提高土壤肥力。但秸秆还田方法不当，也会出现各种问题，如小麦出苗不齐、病害发生加重等。针对这些问题，秸秆直接还田后需要注意“防病虫害、补水补氮”（图2-7）。

图2-7　秸秆还田保墒技术

二、秸秆还田的注意事项（图2-8）

图2-8　秸秆还田技术

1. 秸秆还田的数量

无论是秸秆覆盖还田还是翻压还田，都要考虑秸秆还田的数量。如果秸秆数量过多，不利于秸秆的腐烂和矿化，甚至影响出苗或幼苗的生长，导致作物减产，过少则达不到应有的目的。一般以每亩*200千克为宜。

2. 直接耕翻秸秆

应施加一些氮素肥料，以促进秸秆在土中腐熟，避免分解细菌与作物对氮的竞争，配合施用氮、磷肥。新鲜的秸秆碳、氮比大，施入田地时，会出现微生物与作物争肥现象。秸秆在腐熟的过程中，会消耗土壤中的氮素等速效养分。要配合施用碳酸氢铵、过磷酸钙等肥料，补充土壤中的速效养分。

3. 翻埋时期

一般在作物收获后立即翻耕入土，避免因秸秆被晒干而影响腐熟速度，旱地应边收边耕埋，水田应在插秧前15天左右施入。

4. 施入适量石灰

新鲜秸秆在腐熟过程中会产生各种有机酸，对作物根系有毒

* 1亩≈667平方米，1公顷=15亩。全书同

害作用。因此，在酸性和透气性差的土壤中进行秸秆还田时，应施入适量的石灰，中和产生的有机酸。施用数量以30～40千克/亩为宜，以防中毒和促进秸秆腐解。

5. 有病的植物秸秆带有病菌

直接还田时会传染病害，可采取高温堆制，以杀灭病菌。

第四节　覆膜灌溉节水技术

一、覆膜沟灌技术

覆膜沟灌是在地膜覆盖栽培技术的基础上发展起来的一种新的地面灌溉方法。利用地膜在田间灌水，将地膜平铺于沟中，沟全部被地膜覆盖，灌溉水从膜上（膜上沟灌）或膜下（膜下沟灌）输送到田间的灌溉方法。该技术适合各种地膜栽培的作物。覆膜沟灌施肥技术简单易行，投资少，适宜在没有滴灌施肥系统的菜田、果园使用（图2-9）。

图2-9　覆膜沟灌技术

（一）分类

1. 膜上沟灌

将地膜全部覆盖于沟面，灌溉水从膜上输送到沟内，通过作物的放苗孔和专业灌水孔入渗给作物的灌溉方法，由于放苗孔和专业灌水孔只占田间灌溉面积的1%～5%，其他面积主要依靠旁侧渗水湿润，因而膜上灌实际上也是一种局部灌溉。膜上沟灌技术适于在灌溉水下渗较快的偏沙质土壤上应用，可大幅度减少灌溉水在输送过程中的下渗浪费。膜上沟灌整地时挖10～15厘米深的定植沟，覆上地膜，作物栽到沟内两侧，灌溉时水在地膜上流动的过程中通过放苗孔或膜缝，也可在膜面每间隔30厘米戳一个小洞，使灌溉水慢慢地渗到作物根部，进行局部浸润灌溉，以满足作物需水要求（图2-10）。

图2-10　膜上沟灌技术

膜上沟灌的优势在于地膜和膜上灌溉结合后具有节水、保肥、提高地温、抑制杂草生长和促进作物高产、优质、早熟等特点。生产实践表明，瓜菜可节水25%以上。

2. 膜下沟灌

膜下沟灌是灌溉水从膜下输送到沟内进行灌溉的方式，膜下沟灌适宜在水分下渗较慢的偏黏质土壤上应用，地膜可以减少土壤水分蒸发。膜下沟灌技术的两种栽培方式：一是可以选用起垄栽培。一般做成畦面宽度50厘米、高10～15厘米的小高畦，每垄的畦面上可以种植2行蔬菜，两行之间留1个深20厘米左右的灌水浅沟，俗称“M”畦。把膜铺在畦面上，两边压紧，每个灌水沟用3根旧铁丝或竹竿将地膜撑起，浇水时，将水直接浇至薄膜下面。二是挖定植沟栽培，在定植沟内栽2行蔬菜，定植后把膜铺在定植沟上，以后再膜下浇水。无论采用以上哪种栽培方式，都要选择好地膜的宽度。

膜下沟灌技术能够起到节水、节肥、降低湿度、减少病害、提高作物产量和质量的作用，是目前容易推广的一项节水灌溉技术。它与地面灌溉相比，节水40%左右（图2-11）。

图2-11 膜下沟灌技术

（二）首部操作要点

生产中以4寸出水口为例，可采取直径110～120毫米的线性低密度聚乙烯塑料软管作为主管，主管路上正对每个灌水沟处通过旁通或阀门连接处一条长30～50厘米的支管，支管伸至灌水沟的膜上（膜上灌溉施肥）或灌水沟的膜下（膜下灌溉施肥）。在首部安装简易施肥装置可以实现水肥一体化（图2-12）。

图2-12 首部示意图

二、覆膜微灌技术

将微灌技术与覆膜种植技术有机结合后称为覆膜微灌（图2-13），由微灌方式的不同分为膜下微喷、膜下滴灌、膜下渗灌等。

膜下微灌具有节水、节肥、节药、省工、增产等诸多优点，有效解决了常规覆膜栽培时生育期无法追施肥料的问题。通过在灌水带上覆膜，减少了湿润土体表面的蒸发，降低了灌溉水的无效消耗，使灌溉定额大大降低，减少或避免灌溉对地下水的补给，有效防治土壤盐渍化，减轻农药、化肥对土壤和地下水的污染。

图2-13　覆膜微灌技术

第五节　水肥耦合技术

水肥耦合技术就是根据不同水分条件，提倡灌溉与施肥在时间、数量和方式上合理配合，促进作物根系深扎，扩大根系在土壤中的吸水范围，多利用土壤深层储水，并提高作物的蒸腾和光合强度，减少土壤的无效蒸发，以提高降雨和灌溉水的利用效率，达到以水促肥，以肥调水，增加作物产量和改善品质的目的（图2-14）。

作物根系对水分和养分的吸收虽然是两个相对独立的过程，但水分和养分对于作物生长的作用却是相互制约的，无论是水分亏缺还是养分亏缺，对作物生长都有不利影响。这种水分和养分对作物生长作用相互制约和耦合的现象，称为水肥耦合效应。研究水肥耦合效应，合理施肥，达到“以肥调水”的目的，能提高作物的水分利用效率，增强抗旱性，促进作物对有限水资源的充分利用，充分挖掘自然降水的生产潜力。

图2-14　水肥耦合技术

第六节　新型栽培节水技术

一、节水型畦灌技术

目前，宽畦大水漫灌现象仍然存在。据统计，在沙壤土地采用宽畦种植大椒，每亩每次灌水量为68立方米，全生育期灌溉7次，灌水量共计476立方米，造成水源的极大浪费（图2-15）。节水型畦灌成为目前农民改变传统种植模式的重要课题。例如，同样是种植大椒，节水型畦灌每亩每次灌溉30立方米，全生育期仍然是灌溉7次，仅用水210立方米，节省了55.9%。

精细地面灌溉方法的应用可明显改进地面畦（沟）灌溉系统的性能，节水、增产的效果明显（图2-16）。高精度的地面平整可使灌溉均匀度达到80%以上，田间灌水效率达到70%～80%，是改进地面灌溉质量的有效措施。新型地面灌溉的方式有以下几种。

图2-15 油菜大水畦灌

图2-16 精细地面灌溉

1. 改进输水畦面

平整土地是提高地面灌水技术和灌水质量，缩短灌水时间，提高灌水劳动效率和节水增产的一项重要措施。结合土地平整，进行田间工程改造，改长畦（沟）为短畦（沟），改宽畦为窄畦，设计合理的畦沟尺寸和入畦（沟）流量，可大大提高灌水均匀度和灌水质量（图2-17）。

图2-17 改进输水畦面

2. 改进地面灌溉湿润方式

改进传统的地面灌溉湿润方式，进行隔沟（畦）交替灌溉或局部湿润灌溉，不仅减少了棵间土壤蒸发占农田总蒸散量的比例，使田间土壤水的利用效率得以显著提高，而且可以较好地改善作物根区土壤的通透性，促进根系深扎，有利于根系利用深层土壤储水，兼具节水和增产双重特点。

实例——交替沟灌施肥技术

隔沟交替灌溉技术是在起垄栽培条件下，这次灌奇数沟，下次灌偶数沟，奇数沟和偶数沟交替轮流灌溉，控制作物部分根系区域干燥、部分根系区域湿润，使不同区域的根系经受一定程度的水分胁迫锻炼激发其吸收补偿功能，并诱导作物气孔保持最适宜开度，减少蒸腾损失，达到不牺牲作物产量而提高作物水分利用效率的效果。适用于单行种植起垄栽培的作物，如甘蓝、青花菜和大白菜等。

采用线性低密度聚乙烯塑料软管（LLDPE塑料软管），选择ϕ100（充水后直径为100毫米）的软管作为主管路，主管路上正对每个灌水沟处配一长30～50厘米的ϕ50支管。灌水时可以同时打开4～5个支管，灌完1沟后将其对应的支管折叠即不再出水。该输水管路可以方便地实现交替沟灌。为在交替沟灌条件下实现水肥一体，可将施肥装置与输水管路进行组装，通过在输水管路的首部安装文丘里施肥器或压差式施肥罐，将肥料溶于灌溉水中，并随灌溉施入蔬菜根系附近，图2–18为交替沟灌结构图。

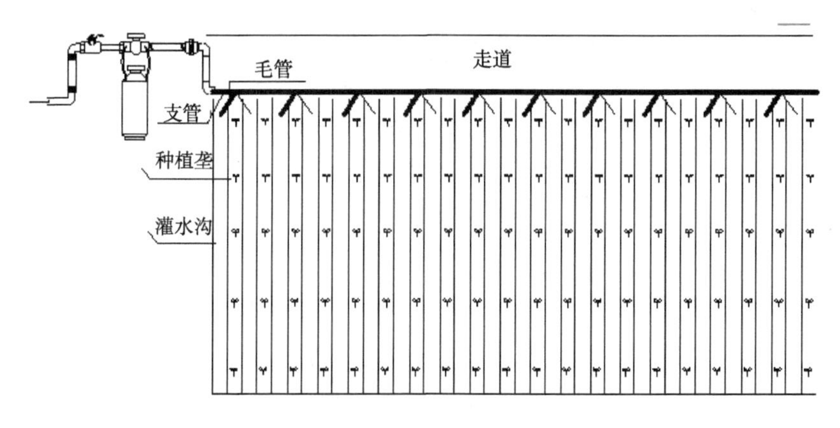

图2–18 交替沟灌结构图

露地生产应用时灌水沟长不宜超过30米，否则沟的前部渗漏较多（也可采用膜上沟灌技术避免过多的渗漏）。在作物定植前要施入除草剂，以防沟内杂草。利用压差式施肥罐及PE薄壁输水软管交替将肥水混合液沿灌水沟输送到作物一侧根系附近。需注意：蔬菜定植后缓苗阶段不宜采用交替沟灌，因此期蔬菜根系较为脆弱，如遇水分胁迫可能影响生长甚至产量。

对于甘蓝和大白菜，底施有机肥3 000千克/亩，磷酸二铵10千克/亩，起垄栽培，垄高15厘米，宽25厘米，垄距50厘米。在莲座期后开始交替沟灌，每隔7～10天灌溉15～20立方米/亩，结球前可每次随水冲施水溶肥（N：P_2O_5：K_2O=20：10：10）5千克/亩，结球后可每次随沟灌冲施水溶肥（N：P_2O_5：K_2O=15：5：20）5千克/亩（图2-19）。

图2-19　大白菜交替灌溉

3. 改进放水方式，发展间歇灌溉

改进放水方式，把传统的沟、畦1次放水改为间歇放水。间歇放水使水流呈波涌状推进，由于土壤孔隙会自动封闭，在土壤表层形成一薄封闭层，水流推进速度快。在用相同水量灌水时，间歇灌水流前进距离为连续灌的1～3倍，从而大大减少了深层渗漏，提高了灌水均匀度，田间水利用系数可达0.8～0.9（图2-20）。

图2-20　改进放水方式

二、隔离槽式栽培技术

隔离槽式栽培技术的优点在于：一是尤其适合于恶劣的土壤条件，如盐碱地、沙土地；二是可避免连作障碍；三是节省养分和水分，一般节约水分30%～60%；四是劳动强度小，有利于蔬菜进行工业化生产；五是可作为研究手段。

隔离槽栽培节水技术包括隔离槽建设、栽培基质填充、滴灌系统安装过程。

隔离栽培槽可分为永久性的水泥槽、半永久性的木板槽、砖槽、竹板槽等，最好选用砖砌槽，不要砌死（图2-21、图2-22）。在没有标准规格的成品槽时，可因地制宜地采用木板、竹条、竹竿、砖块或泡沫塑料板等建槽。当种植植株高大的瓜果类蔬菜时，槽宽48厘米，可供栽培2行作物，栽培槽之间的距离为0.8～1米。如栽培植株矮小的叶类蔬菜时，栽培槽的宽度可为72～96厘米，两槽相距0.6～0.8米，槽边框高度为15～20厘米。建好槽框后，在其底部铺一层0.1毫米厚的聚乙烯塑料膜，以防止土壤病虫害传染和水分的流失。槽的长度可依保护地的覆盖条件而定。槽内铺放基质，铺设滴灌软管，栽植2行作物，水肥通过干管、支管及滴灌软管灌滴于作物根际附近。

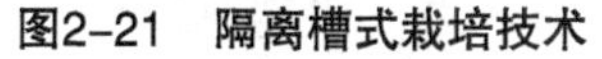

图2-21　隔离槽式栽培技术

图2-22　砖槽式栽培技术

栽培基质采用基施精制有机肥加追施滴灌专用配方肥的营养

方式，既成本低廉、使用方便，又能充分发挥隔离式栽培节水增产节肥、避免连作障碍等优点。一般常用的基质材料有草炭、蛭石、珍珠岩、粉碎的作物秸秆、碳化的稻壳、牛粪、煤渣、蘑菇渣等。有机肥采用鸡粪等养分含量高的肥料，使用比例为膨化鸡粪6%，腐熟优质有机肥10%，同时每亩的基质掺入50千克多元复合肥。常用的基质配方为，草炭：蛭石：珍珠岩=2：1：1；草炭：炉渣=2：3；草炭：玉米秸：炉渣=2：6：2；玉米秸：蛭石：蘑菇渣=3：3：4；玉米秸：蘑菇渣：炉渣=2：2：1（图2-23）。

图2-23　基质栽培技术

槽式栽培管理技术根据市场需要和茬口安排，确定栽培的作物种类与品种，并确定适宜的播种日期和定植日期，育苗技术及定植后的温湿度管理、植株调整的方法均与一般种植要求相同。采用营养钵配置营养土的方法培育苗壮苗（图2-24）。

图2-24　槽式栽培技术

在番茄、黄瓜等果菜定植后20天内不必追肥，只需浇清水即可。为获得高产效益，之后还应追施一定量的化肥，每次每立方米基质的追肥量是：全氮80～150克、全磷30～50克、全钾50～180克，随水滴灌，或将其均匀地撒在距根10厘米以外的周围随水冲施。每隔10～15天追施1次。水分管理可根据基质含水状况调整每次的灌溉量。无土栽培作物一般都在保护地中进行管理。为获得优质、高产的产品，一般要选用耐低温的优良品种，加强保护地温湿度的管理，人工增施二氧化碳，及时进行植株调整和人工辅助授粉，或引进熊蜂授粉，按时采收和及时进行病虫害防治等一整套综合措施。

三、潮汐式灌溉技术

潮汐灌溉是针对盆栽植物的营养液栽培和容器育苗所设计的底部给水的灌溉方式。因为灌溉方法与海水的涨潮落潮相似，所以将这种灌溉方式称为潮汐灌溉。潮汐灌溉是一种高效、节水、环保的灌溉技术，其基本原理是使灌溉水从栽培基质底部进入，依靠栽培基质的毛细管作用，将灌溉水供给植物（图2-25）。

图2-25　潮汐式灌溉技术

根据栽培池类型的不同，潮汐灌溉分为植床式潮汐灌溉和地面式潮汐灌溉。植床式潮汐灌溉是指在温室中修建的距地面一定高度的栽培床等空中栽培设施中实施的潮汐灌溉。地面式潮汐灌溉是指在温室地面上修建的栽培池等中实施的潮汐灌溉。

潮汐灌溉系统主要由栽培池、营养液循环系统（清水池、循环水泵、施肥机、消毒机等）、计算机控制系统和栽培容器4个部分组成。

1. 潮汐灌溉的优点

（1）潮汐灌溉具有节水高效、完全封闭的循环系统，可以达到90%以上的水肥利用率。

（2）潮汐灌溉作物生长速度快，每周苗龄可比传统育苗方式至少提前1天，提高了设施利用率。

（3）潮汐灌溉方式避免了植物叶面产生水膜，使叶片接受更多的光照进行光合作用，促使蒸腾从根部吸收更多的营养元素。

（4）潮汐灌溉可提供稳定的根部基质水气含量，避免毛细根因靠近容器边部及底部干旱而死。

（5）潮汐灌溉使相对湿度容易控制，可保持作物叶面干燥，减少化学药品的使用量。

（6）潮汐灌溉栽培床下非常干燥，无杂草生长，可减少菌类滋生。

（7）潮汐灌溉可使管理成本降低，即使是以手动操作进行营养液管理，一个人也可在20～30分钟内完成2 000平方米左右穴盘苗的灌溉。

（8）潮汐灌溉可以随时使用，不受品种、规格、时间限制。

2. 操作注意事项

为了保证良好的灌溉效果，潮汐灌溉系统对栽培床的工作面要求较为严格，必须保证水分能自由地在灌溉区流动。与此相似，当灌溉完成时栽培容器内多余的水分必须回收到栽培床上，也就是从栽培容器回收到回液箱中。栽培床表面必须非常水平才能确保水分在灌溉域的良好浇灌——使所有栽培容器中的基质在同一时间加湿，多余的水分在同一时刻回收。

四、气雾栽培

气雾栽培是一种新型的栽培方式，它是利用喷雾装置将营养液雾化为小雾滴状，直接喷射到植物根系以提供植物生长所需的水分和养分的一种无土栽培技术（图2-26至图2-29）。

图2-26 气雾栽培技术

作物悬挂在一个密闭的栽培装置（槽、箱或床）中，而根系裸露在栽培装置内部，营养液通过喷雾装置雾化后喷射到根系表面，减少栽培植物硝酸盐含量。

它能使作物产量成倍增长，它是不用土壤或基质来栽培植物的一项农业高新技术，其因以人工创造作物根系环境取代了土壤环境，可有效解决传统土壤栽培中难以解决的水分、空气、养分供应的矛盾，使作物根系处于最适宜的环境条件下，从而发挥作物的增长潜力，使植物生长量、生物量得到大大提高。

气雾栽培除加快植物生长速度，使农业生产上栽培的瓜果蔬菜生长发育进程加快，时间缩短，生物量大大提高外，还有以下诸多优势。

图2-27　气雾灌溉技术

图2-28　立体栽培技术

图2-29　立体灌溉技术

1. 一种最节水的栽培技术

气雾栽培可以使水的利用率几乎接近100%的水平，因为气雾栽培中，水是以喷雾的方式供给植物的根系，而且经雾化集流的水分又经回液管回流至营养液池进行循环利用，植物种植在相对密封且有一定体积的容器或空间内，充斥于该空间的根域环境，没有任何水分蒸发的损耗，所有的水分都是经过根系的吸收，而后经叶片蒸腾弥散至大气环境中，也就是所有的雾化水都参与了水分代谢，由根系吸收参与各种代谢活动，其余的经由叶片蒸腾作用扩散回大气中，形成了水分的生理循环，没有其他任何的非生理损耗，所以说气雾栽培与传统土壤栽培相比，省水率可达98%。是一种最节水的先进栽培模式，可以用于缺水少雨的地区及水资源极度匮乏的沙漠，当然也可用于淡水紧缺的军事岛屿上生产运用。

2. 一种最节肥的种植技术

植物对肥的吸收与根域的氧气代谢紧密联系，当根域环境缺氧时，即使根系置于肥水充足的环境中，也不能正常快速吸收，而气雾栽培植物的根系以悬于空中的方式固定着，具有最充足的氧气环境，所以它对矿质离子肥料的吸收效率极高，也就是利用率极高，除离子的吸收利用率较高外，它也像水的循环利用一样，没有像在土壤栽培环境下的肥水渗漏、土壤固定、微生物分解利用，或者氨的蒸发损耗发生，是一种循环吸收利用率极高的栽培技术，除选择吸收剩余的部分矿质离子外，全都参与了植物的生理代谢，所以说气雾栽培与土壤栽培相比，节肥率可达95%以上。

3. 杀虫灭菌所需的农药可以做到用量最小化或者实现免农药栽培

气雾栽培采用气桶、气雾槽或者金字塔型的泡沫板种植系统，远离了土壤，创造出一个洁净的无土环境，病虫难以滋生与繁衍，大大减少了病虫害的发生概率。如果再结合大棚外围的防虫网隔绝技术，基本上可以做到免农药生产，栽培出真正的安全瓜果与蔬菜，即使有少量的病害发生，只要结合物理的电功能水防治技术，也不会对环境及蔬菜产生任何的化学残留，所以说气雾栽培与土壤栽培相比，农药使用率可以减少99%～100%，是当前世界上生产安全蔬菜食品的最先进技术。

4. 增产率

气雾栽培的增产率是其他任何技术措施无法相比的，农业生产的增产技术措施很多，如配方施肥，科学的水管理，合理的整形修剪或者激素的运用和环境的控制，但不管哪种技术，它所发挥的增产潜力与气雾栽培相比都是相形见绌，利用气雾栽培，一般瓜果类单株增产潜力可提高数倍，甚至有些达到数十倍，而叶菜类也至少可使产量增加45%～75%。这种增产潜力的产生原因，主要是根域环境优化及根系生理与形态演化的结果，在气雾环境中，根系大多是吸收肥水效率极高的不定根根系，且是根毛发达的气生根为主，在氧气充足的空气中，它的吸收速度得以最大化发挥，几倍甚至数十倍于土壤栽培或者水培。生长加快后，还可以使生育期缩短，如果栽培蔬菜又可以使生产的茬数得以增加，再加上立体式的塔型种植，综合产量提高率可达5～10倍，也就是1亩气雾栽培蔬菜，其年产量就相当于同等土壤栽培的5～10亩。这样既节省了土地，又达到了集约高效管理的目的，是当前高产栽培技术中最先进的模式。

5. 可实现立体种植

种植环境的局限小，只要有电有水有光照的地方就可以进行气雾栽培，而且可以最大化地实现立体种植。离开土壤种植或者水循环的水栽培后，对于土壤土质的问题就不复存在，不管是在城镇的空旷水泥地面上，还是没有土壤的沙漠环境，或是不适合生长的盐碱地上，都可以进行植物的栽培，使植物生长的空间及环境得以最大化拓展，另外，以气雾方式供肥水后，可以进行立体式栽培，使空间利用率大大提高。当前蔬菜栽培中，常遇的重茬问题也限制着蔬菜产业的发展，而气雾栽培根本不会像土壤栽培那样，因多茬栽培后蓄积着大量的土传病菌，而导致土传病的危害，气雾栽培系统可根本性地避免该问题的发生。

6. 环境洁净化

没有任何土壤或其他污染所致的污垢发生，可完全做到工厂式的洁净化生产。离开土壤环境后，草的滋长、虫的匿藏、菌的滋生环境得以彻底根除，根本没有任何污染源及污染物的发生，是未来农业生产中最为洁净的一种先进栽培模式。

第三章　生物、化学节水技术

第一节　生物节水

生物节水是利用抗旱和高水分利用效率、高产优质的动植物品种，尤其以农作物为名，产生更大的经济和生态效益。筛选和引进耐旱作物良种，通过选用耐旱玉米、花生、红薯等良种，提高作物产量。在利用科学方法选育高产抗旱作物和耐旱品种的同时，科学处理营养浸种，利用营养杯育苗；在播种或移栽时充分利用耕层贮水，增强了作物内在的抗旱力，改善作物栽培的外在水分条件，从而提高作物的抗旱能力。

一、生物节水的途径

生物节水途径包括遗传改良、生理调控和群体适应（作物互补）三个方面。其中，通过遗传改良培育抗旱节水新品种、新类型应作为生物节水的一个核心目标。在生理调控研究方面，根据上述适度水分亏缺下可产生补偿效应的原理，建立有限灌溉（非充分灌溉）制度是一项重要工作，这一方面可根据已有知识和经验应用常规灌技术和方法去实现；另一方面要采用新技术，逐步向精确灌溉的方向发展。在群体适应方面，其特点是利用不同作物的需水特性和耗水规律来进行农用水资源的优化配置，建立节水型种植体系。在培育节水耐旱新品种方面，从分子水平上，阐明作物抗旱性和高水分利用效率（WUE）的物质基础及其生理功能，从而通过基因工程手段进行基因重组，以创造节水耐旱与丰产兼备的新类型是解决这一难题的希望所在。

1. 合理施肥

通过合理施用肥料，调节水分—营养—产量之间的关系，是提高缺水地区作物水分利用率和利用效率的有效途径之一。20世纪80—90年代，我国北方旱区粮食产量提高了约一倍，其中化肥的作用占到了50%。其具体作用可归结为：低产条件下普遍缺乏水肥营养，生长受到抑制，增施肥料后解除了生长受到的抑制，使群体郁闭度增大，因而增加了蒸腾蒸发；无机营养对植株光合作用的促进作用，大于对蒸腾耗水的促进作用；合理增施氮、磷、钾，还可以增加植株的生理抗旱性，特别是磷素营养，具有提高御旱和耐旱能力的双重功能（图3-1）。

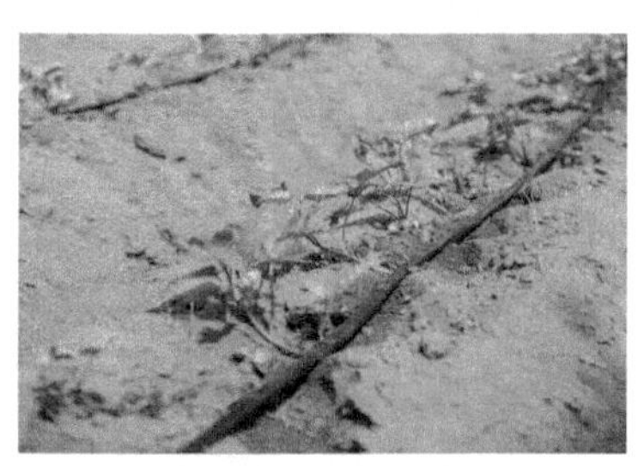

图3-1 滴灌施肥技术

2. 调整布局

通过包括改变播期、增减密度、调整种植结构、改进轮作制度等技术方法，降低作物蒸腾量和增大蒸腾对蒸发比例，以实现节约田间耗水的目标。其特点是利用作物的不同需水特性和耗水规律，实行农用水资源的优化配置、建立节水型种植体系。在当前，这是一种可在较大范围内产生效果、较为现实的生物—农艺节水策略，可纳入大农业结构调整的框架内加以推行（图3-2）。

图3-2 小西瓜密植栽培技术

3. 培育高水分利用效率品种

水分利用效率（WUE）是一个可遗传性状，高WUE是植物适应干旱环境，同时利于形成高生产力的重要机制之一。作物的抗旱性同样是一个复杂性状，而且抗旱性与丰产性之间往往存在矛盾，但由于抗旱育种工作开展较早，尽管进展迟缓，目前已克隆出若干与抗旱性有关的基因，并获得了抗旱转基因植株。如矮秆品种的培育成功，不仅获得了高产，而且在蒸腾量无明显变化的情况下，显著提高了收获物的WUE。从长远观点来看，通过遗传改良培育抗旱节水新品种、新类型，应作为生物节水的一个核心目标和最为重要的途径。

二、抗旱节水品种筛选应用技术

所谓抗旱节水品种是指抗旱性强、水分利用效率高、综合性状优良的作物品种。培育或引进适合当地条件的节水高产型品种是降低作物耗水量、提高水分利用效率的一项重要措施（图3–3）。

图3–3　品种选育试验

（一）技术原理

同一作物不同品种之间在抗旱性和水分利用效率方面差异很大，这种差异除环境条件的影响外，更主要的是植物本身遗传基础的差异。充分挖掘并利用作物的抗旱、节水、增产潜力，改良作物的抗旱性，对发展节水农业具有重要意义。

（二）技术要点

1. 严格遵照用种程序

试验、示范、推广是一套不可逆的缺一不可的品种筛选应用程序。

首先要进行严格的、规范的试验。试验中，对品种的特征、特性、抗逆性、产量性状和产量、品质性状和品质、生态适应性、利用价值和前景等方面进行全面考查。严格遵守《中华人民共和国种子法》，在试验成功的基础上开展一定规模和范围的示范。通过特定程序，经专门机构审定或认定，合法地逐步推广。

2. 选用适宜的品种类型

尽管不同作物的品种繁多，但都有一定的类型归属。种植中，品种类型适宜是前提，如果类型不当，就不能完成生长发育过程，失去了种植意义。掌握具体作物品种的特征和特性，结合每种作物的种植区划，计算用种地区的积温，综合其他生态条件，选用适宜的品种类型，是种植成功的保证。

3. 考虑作物品种的生态适应性

一种作物或一个品种的生态适应性强，就有较广阔的种植范围。

4. 选用抗逆性强、高产优质作物品种

冬小麦节水抗旱品种的主要筛选指标是：种子吸水力强、叶面积小、气孔对水分胁迫反应敏感，根系大入土深，株高80厘米左右，分蘖力中等，成穗率高，生长发育冬前壮、中期稳、后期不早衰，籽粒灌浆速度快、强度大，穗大粒多，千粒重40～45克，抗寒、抗旱、抗病、抗干热风。玉米节水抗旱品种的主要筛选指标是：出苗快而齐，苗期生长健壮；中后期光合势强，株型紧凑；籽粒灌浆速度快；耐旱、抗病、抗倒伏；产量高而稳，籽粒品质好；

生育期适合于当地种植制度。

（三）适用作物

适用于各类作物。

（四）适用条件

选用节水高产基因型作物品种要因地制宜。不同作物品种对环境的要求和适应力都有一系列的生理生态和形态差异，因此，只有环境与作物品种的生理生态和遗传特性相适应时，才能充分发挥品种的优良特性与产量潜力，合理利用资源，趋利避害，发挥资源增产优势。

1. 地区类型

注意作物和品种生育期的地理变化。如果产地和被引入地区的环境和生态条件大致相同，一地种植成功的可能性就大。

2. 光温特性

不同作物及不同的品种生长发育过程中，所要求的光、温等生态条件各不相同，对其有不同的反应。如有些小麦品种生态型对光照、温度条件要求非常严格，如果引入不当，可能造成绝收的严重损失。

（五）与其他节水措施（如节水灌溉工程）的关联性

各地区可以根据当地的自然环境条件、社会经济状况、农业生产特点和科技水平等，将节水抗旱品种筛选应用技术跟各类田间灌溉节水技术、管理节水技术以及其他农艺节水措施结合，形成节水、增产、增效的节水高产栽培模式。

（六）使用成本

优良品种的种子价格较贵，一般比普通种子价格高10%～20%。

（七）节水、增产、增效综合效果

研究表明，作物抗旱节水品种的水分利用效率一般比对照作物品种提高16%～36%，最高的可提高54.8%，抗旱节水品种的产量比对照品种提高20%以上。

（八）推广应用总体情况

1. 限制因素

（1）我国在农作物育种方面多偏重于追求早熟、高产、优质、抗病、耐寒等方面目标，培育的抗旱节水品种不多。

（2）育种者在提供节水抗旱品种的同时，没有给出相应的配套栽培管理措施。许多地方农民种的是节水抗旱品种，却仍用传统的灌溉方式管理，结果不但不能实现节水的目的，有的还造成了农作物倒伏、减产。

2. 推广措施

（1）政府加大对抗旱、节水品种培育和推广工作的投入，并对抗旱、节水农产品的生产和销售给予适当的扶持。

（2）在对新品种进行推广的同时，进行先进、经济、适用生产配套技术推广，这样才能真正实现作物高效节水和高产。

中国近年来已培育推广的小麦抗旱节水高产品种有石家庄8号、河东TX006、洛9505、西农797、洛旱2号、洛旱6号、长6878、农大146、平阳27、轮抗7、冀麦29、8206号、冀麦84-5418、陇鉴196、陕旱8675、秦麦3号、晋麦47、克旱9号等。玉米耐旱、节水高产品种有中单2号、中单321、协单969（图3-4、图3-5）。

图3-4　洛旱6号

图3-5　晋麦47

第二节　化学调控节水技术

化学节水技术是农业节水技术中的重要措施之一，它是将定量的农业化学制剂应用于作物、土壤和水面，对水分实行有效调控，以达到节水的目的。其原理是利用有机高分子物质在与水的亲和作用下形成液态成膜物质，利用高分子成膜物质对作物及环境进行水分调节控制，达到吸收保水、抑制蒸发、减少蒸腾、汇集径流、防止渗漏、蓄水增水和有效供水的目的。化学节水剂种类较多，有叶面蒸腾抑制剂、土壤或地面蒸发抑制剂、水面蒸发抑制剂等。

一、蒸腾抑制剂

蒸腾抑制剂又称为抗旱剂，用来抑制作物蒸腾，减少土壤水分损耗，起到保水、节水和缓解抗旱的作用。抗旱剂按其性质和作用方式可以分为代谢型气孔抑制剂、薄膜型蒸腾抑制剂和反射型蒸腾抑制剂。代谢型气孔抑制剂能控制气孔开张度，从而减少水分蒸腾损失，目前比较有效的有2，4-二硝基酚、整形素和甲草胺等。薄膜型蒸腾抑制剂是应用单分子膜覆盖叶面，阻止水分向大气中扩散，目前使用较多的是丁二烯酸。反射型蒸腾抑制剂是利用反光物质反射部分光能，达到降低叶片温度、减少蒸腾损失的目的，目前使用较多的是成本低廉的高岭土。

目前，我国农业生产中使用较多的抗旱剂是以黄腐酸为主要原料的各种产品，黄腐酸是从草炭等腐殖质类物质中提取的一种有机复合物，是黄腐酸中的水溶性组分。黄腐酸属代谢型气孔抑制剂，对叶片气孔阻力、水分蒸腾量及叶片含水率都有一定影响，在小麦、玉米、甘薯等作物上均具有抑制蒸腾、节水抗旱、增产的效果（图3-6、图3-7）。

图3-6　玉米喷施抗旱剂

图3-7　小麦喷施抗旱剂

（一）技术原理

黄腐酸，简称FA，是腐殖酸（HA）中分子量较小的水可溶组分。黄腐酸抗旱剂除具有HA的一般特征外，还具有自身的特点，即分子量较小，醌基、酚羟基、羧基等活性基团含量较高，生理活性强，易溶于水，易被植物吸收利用，水溶液成酸性等。因而黄腐酸抗旱剂对植物起着以调控水分为中心的多种生理功能，是一种调节植物生长型的抗蒸腾剂。

1. 缩小气孔开张度，抑制水分蒸腾

叶面当日喷施抗旱剂一号，气孔开张度明显降低。次日测定，

小麦叶片气孔平均开张度0.6微米，对照为2.2微米，直喷剂后第10天仍然明显，小麦的蒸腾强度在14天内平均降低40%。喷剂一次引起气孔导性降低所持续的时间为12～20天，在水分调控上达到保水节流。

2. 增加叶绿素含量，促进光合作用

小麦在孕穗期遭受干旱后植株发黄，叶绿素含量下降，而喷施黄腐酸抗旱剂后叶色浓绿，小麦旗叶叶绿素含量较对照增加0.35毫克/克干叶，倒二叶增加0.5毫克/克干叶，这一现象一直可以维持到生长中后期。旗叶、倒二叶光合产物在籽粒形成中占到35.1%，从而有利于光合作用的正常进行。

3. 提高根系活力，防止早衰

研究证明，叶片衰老指数，即基部叶片与顶部叶片叶绿素含量的比值，与根系活力呈显著正相关。叶面喷施黄腐酸抗旱剂后，促进了根系活力，增强了从土壤深层对矿物质和水分的吸收能力，一般比对照多吸收13%～40%，表现出叶片衰老明显减缓，在水分调控上达到增墒开源。

4. 减慢土壤水分消耗，改善植株水分状况

由于黄腐酸抗旱剂抑制蒸腾，使土壤水分消耗减慢，土壤含水率相应提高。喷剂9天植株总耗水量比对照减少6.3%～13.7%，土壤含水率相应提高0.8%～1.3%，从而改善了植株水分平衡状况。

（二）技术要点

1. 拌种

密植作物配比用量为种子：FA：水=50千克：200克：5千克；稀植作物配比用量为种子：FA：水=50千克：100克：5千克。方法是将200克FA溶解在5千克水中，然后将药液洒在种子上掺拌均

匀，堆闷2～4小时后即可拌种。

2. 喷施

喷施技术直接影响黄腐酸抗旱剂效果的发挥，故应严格遵守各项要求。

（1）喷施时期。一般原则是在作物生长期中遇到干旱时都可喷施。但在作物的“水分临界期”即作物对干旱、干热风特别敏感的时期喷施效果最好。不同作物的最佳喷施时间主要为：小麦，孕穗期和灌浆期；玉米，抽雄前期；棉花，苗期；花生，下针期。

（2）喷施次数。一般对当季作物喷施1次即可，若遇严重持续干旱，可针对具体情况每7～15天喷1次，连喷2～3次。

（3）喷施浓度。冬小麦每公顷用量0.75千克，玉米每公顷用量1.125千克，均加900千克水稀释喷雾。

（4）稀释方法。合格产品极易被水稀释而不留沉淀。某些产品黏性增加，抗硬水能力差，则采用50℃热水搅拌至胶状液后，再加水稀释至所需浓度。

（5）喷雾机具。一般用背负式喷雾器，要求机具压力大、雾墒细、雾化好。面积较大的喷施最好选用机动喷雾器，使用弥雾机效果最好。

（6）喷施时间。晴天10时前或16时后为最佳喷施时间。中午炎热、刮风时节或下雨前后喷施效果最差，甚至无效。

（7）混配须知。可与酸性农药复配混用，以增效缓释。

（8）喷施要领。基本要求是要保证农作物功能叶片均匀受药。如冬小麦以旗叶和倒二叶为中心的上部叶片必须受药，喷施时应尽可能使叶面和叶背均匀接受药剂。喷量以刚从叶片上滴落雾滴为度，并检查叶片上是否均匀分布褐色雾滴作为喷雾的质量标准。

（三）适用作物

适用于各类作物，尤其是经济价值较高的作物。

（四）适用条件

黄腐酸抗旱剂在我国南北各地均适用，各地在使用时应视植株大小、当地水质状况、土壤状况选择适宜用量，如植株大、水的硬度高、土壤呈碱性时，用量可稍加大，反之宜降低用量。

（五）与其他节水措施的关联性

黄腐酸抗旱剂的使用作为一种非工程性抗旱节水措施，可以与已有的工程性节水措施、其他非工程抗旱节水措施结合起来集成运用，使黄腐酸抗旱剂的抗旱、节水、增产功效充分发挥出来。

（六）使用成本

黄腐酸抗旱剂的价格一般每千克20～30元，每亩施用成本5～10元。

（七）节水、增产、增效综合效果

中国农业大学在北京密云对苹果树的试验表明，在有限灌水条件下黄腐酸类抗旱剂对果树的生长发育、保墒能力、果实品质及产量有良好的影响。果树施用后，有明显抗旱增产效果，增产幅度可达4.88%～7.32%，平均单果质量增加4.2%～8.4%，并且使果实品质得到改善；与充分灌溉条件相比，水分利用效率也有所提高，每公顷节约灌溉水量487.5立方米。

宁夏固原地区农业科学研究所对马铃薯喷施黄腐酸抗旱剂的试验结果表明，喷施不同量的黄腐酸抗旱剂后，马铃薯产量比对照提高9.17%～52.96%。以每公顷喷施黄腐酸抗旱剂3 750毫升增产效果最明显，比对照增产4 250千克/公顷，增产率为52.96%。

新疆巴楚县农技推广中心的试验表明，棉花生产使用黄腐酸抗旱剂，单产可每亩增加7.4～24.8千克，增产率达到7.38%～24.1%。而且可以改善棉花品质，如纤维长度、衣分都有提高。不同施用时期与施用量的亩均增收为169～280元。

（八）推广应用总体情况

1. 应用情况

黄腐酸抗旱剂目前已在全国28个省区推广66.7多万公顷（1 000多万亩）。

2. 限制因素

（1）宣传力度不够，影响推广效果，缺乏广告宣传和各种媒体宣传力度，人们对黄腐酸抗旱剂的使用效果和科技含量缺乏认识。

（2）推广营销渠道单一。单靠水利系统推广和营销缺乏农牧、烟草、农资等部门的推广和营销难以形成合力，难以做到宣传到位，推广到位，销售到位。

（3）农民科技意识不强。多数农民难以相信黄腐酸抗旱剂的使用效果，认为自然灾害是不可抗逆的，难以形成主动购买、自愿使用的售销环节。

3. 推广措施

各地的农业科技推广部门以实施“科技入户工程”为主体，实行科技人员进村入户，深入田间地块，现场讲授使用方法，并加大培训推广力度，采取省市培训师资、县乡培训农民的方法进行。

二、保水剂

保水剂是具有较强吸水能力的高分子材料，降雨时能迅速吸收为自身重量数百倍的水分，形成一个个“小水库”。施用于土壤后能提高土壤吸水能力，增加土壤含水量。在干旱环境下能将所含水分慢慢释放出来，供作物生长利用，并具有反复吸水和释水的性能。目前，国内外的保水剂共分为两大类，一类是丙烯酰胺-丙烯酸盐共聚交流物，另一类是淀粉接枝丙烯酸盐共聚交联物。其中，聚丙烯酰胺类保水剂的应用效果最好，在农业、林业中得到广泛的应用（图3-8）。

图3-8　玉米施用保水剂

保水剂的施用方法如下。

1. 拌种包衣

将保水剂按1%浓度兑水，用于小麦、玉米种子浸种，晾干后即形成包衣，若需要对种子进行其他药物处理，则先用农药，再用保水剂拌种。

2. 条播撒施

对于甘薯、小麦等作物，耕作后将适量的保水剂与干细土混合，在15～20厘米深度内均匀撒入后播种，用量一般为1～2千克/亩。

3. 与肥料混拌后机施

在玉米机械化播种施肥中，可以先将适量的保水剂与复合肥混合均匀后使保水剂与肥料适当粘合，机械化播种施入。

4. 树盘基施

以果树树冠的投影为准，沿其投影边缘挖长条坑，深度以露出部分根系为准。坑与坑间距为50～60厘米，将距坑底10厘米处的土与保水剂拌匀，回填后充分灌水，再将剩余部分回填压实，能保墒增产。

三、水面蒸发抑制剂

（一）技术原理

能够在水面形成单分子膜并能抑制水面蒸发的制剂称为水面蒸发抑制剂，在化学上属于表面活性剂的范畴。这类物质为直链的高级脂肪族化合物，碳原子数目在11个以上，具有抑制水分蒸发的能力。其分子具有不对称结构，一端含有极性的亲水基团，另一端具有非极性疏水基团，将这种乳液喷于水面后，分子中的疏水基团由于与水排斥而转向空间，亲水基团转向水中，与水分子发生缔合。这样水与单分子膜物质间牢牢吸引，在水面就会形成肉眼看不见的单分子膜层，膜层厚度为0.002 5微米，对水面产生较高的表面压力，阻挡水分子向大气中扩散。同时单分子膜层分子间的空隙可让氧气和二氧化碳透过，而水分子却通不过，因而能有效抑制水分蒸发。当然，由于抑制了水分蒸发，使蒸发潜热积累于水中，从而可提高水温。

它的主要功能如下。

1. 抑蒸性

这是水面蒸发抑制剂的主要功能。在水面形成单分子膜层，阻挡水分子向外逸出，其抑制蒸发率室内为70%～90%，野外为22%～45%。

2. 增温性

由于抑制蒸发在水中累积蒸发耗热，从而提高水温，一般增温幅度为4.0～8.2℃。

3. 扩散性

这类制剂喷施水面后能迅速形成连续均匀的单分子膜层。由于膜内加有扩散剂，当膜层破裂后能自动扩散恢复合拢。扩散性与温度有关，温度高扩散快，温度低则扩散慢。

4. 抗风性

单分子膜层对风敏感，当风速为每秒0.8米时，膜层就会随风移动，风速为每秒3米时有助于膜层的扩散和提高抑制蒸发率，当风速超过每秒3米时，单分子膜被风吹成褶皱破裂而失效。

5. 有效性

喷施1次，有效性可维持3～7天。由于氧气和二氧化碳均能透过，对植物、鱼类无害。

（二）技术要点

1. 喷施

将水面抑制蒸发剂加水稀释10～30倍成为水乳液，然后用喷雾器喷洒水面，即自动扩散成膜。

2. 挂施

将水面抑制蒸发剂的水乳液用纱布包好，挂在水稻田水流入水口处，经流水缓慢冲击，乳液从纱布团中不断浸出，随漂浮水面扩散成膜，经流水带动扩散使整块稻田水面全部成膜。

（三）适用条件

水面抑制蒸发剂无毒、无污染，对人畜安全，并能为生物降解。技术简单，无须增添专用设备，易于农民掌握，适合于我国南北方广大地区。

四、土壤保墒剂

（一）技术原理

裸露土壤中的水分主要是通过蒸发散失。散失途径有两条：一是毛管水通过毛细管上升作用不断输送到地表损失；二是以气态水的方式扩散到空气中损失。将成膜制剂喷于土表，干燥后即可形成多分子层的化学保护膜固结表土，阻隔土壤水分，以气态水方式进入大气。同样以土壤结构改良剂混合土壤，可显著增加土壤水稳性团粒结构，从而阻断土壤毛管水的连续性，降低毛管水上升高度，达到抑制水分蒸发的目的。

它的主要功能如下。

1. 抑制土壤水分蒸发

土面增温剂的抑制蒸发率为80%～90%，保墒增温剂的抑制蒸发率为75%～95%，土壤结构改良剂的抑制蒸发率一般在30%～50%。

2. 提高土壤温度

在20℃的室温下，每蒸发1克水约需消耗584.9卡路里热量，抑制了土壤蒸发，就意味着减少了蒸发耗热而用以提高土温。在我国北方春季晴朗的天气条件下，充分湿润的土面蒸发量可达每天7～8毫米，即在每平方厘米的土面上1天就要蒸发掉0.7～0.8克水，并消耗420～480卡路里热量，减少蒸发就保存了部分汽化热而使土壤温度得以提高。由于这类制剂的颜色多为深褐色和黑色，故能增加太阳辐射的吸收率而进一步增温，使土壤增温效果十分显著。

3. 改善土壤结构

将土壤结构改良剂与土壤混施后，由于氢键和静电作用，对电解质离子、有机分子、络合物等发生吸附而促使土壤形成团粒结构。粒级为1～2毫米、0.5～1毫米、0.25～0.5毫米土粒的百分含量，处理比对照分别增加33.3%、29.5%和59.6%。

4. 减轻水土流失

增温保墒剂喷施土表后与土粒黏结形成多分子膜层而固化表土；土壤改良剂与土壤混施后能形成稳定的团粒结构，有利于增加土壤的稳定性，防风固土，减轻冲刷，保持水土效果明显。

（二）技术要点

1. 喷土覆盖

增温保墒剂需在用水稀释后喷洒土表用来封闭土壤，所以用量较大。每公顷全覆盖用量为原液1 200～1 500千克加5～7倍水稀释。先少量多次加水，不断搅拌均匀后再大量加水至所需浓度，经纱布过滤后倒入喷雾器即可喷施。若预先用水对土表喷施湿润后，则更有利于制剂成膜并节省用量。对于冬小麦这类条播作物，喷剂时只需喷施播种行，不必对土壤进行全覆盖，也同样能取得好的效果。

2. 混施改土

将土壤结构改良剂与土壤混合，用量一般为干土重的0.05%～0.3%，每公顷2 800～3 000千克。混施可促进土壤团粒结构形成，尤其对各种土壤水稳性团粒结构形成作用明显，有利于保持水土。

3. 渠系防渗

用沥青制剂喷于渠床封闭土壤可大大减少水分渗漏损失。在渠系表面或15厘米层处喷施沥青制剂，每平方米用量80～110克。

4. 灌根蘸根

对于一些育苗移栽作物除喷土覆盖外，也可采用土壤保湿剂乳液直接灌根，浓度配比为1∶10。也可用此浓度乳液蘸根包裹后长途运输再作移栽，用以减少蒸腾，保持成活。

5. 刷干保护

对移栽的果树类作物和林木树干，可用制剂乳液喷涂刷干，通过膜层保护减少蒸发，防寒防冻，保护苗木安全越冬、病虫害防治和早春抽条。

（三）适用作物

适用于各类林木。

（四）适用条件

土壤保墒剂在我国主要应用于渠道防渗、盐渍改良、沙漠和荒漠的绿化和改良、防止水土流失、旱地增温、保墒等方面。

（五）与其他节水措施的关联性

土壤保墒剂的使用作为一种非工程性抗旱节水措施，可以与已有的工程性节水措施、其他非工程抗旱节水措施结合起来集成运用，使土壤保墒剂的抗旱、节水、增产功效充分发挥出来。

（六）使用成本

土壤保墒剂的使用成本为每亩几十元。

第四章　管理节水技术

管理节水是指通过农业水资源管理及节约激励机制等政策的制定及作物灌溉用水上采用科学化管理、合理调度，达到减少损失、节约用水的目的。通常包括土壤墒情监测与灌溉自动控制技术、高效灌溉制度制定以及制定农业水资源配套管理和节约激励机制政策等。

第一节　土壤墒情监测

一、土壤墒情监测

土壤墒情监测是根据作物种类和土壤类型，按照一定的比例在作物主要种植区域选择具有代表性的地块（点），定期定点监测土壤墒情和作物长势，结合作物需水规律和气象条件，制定土壤墒情和作物旱情分级评价指标体系，对墒情和作物旱情进行分析和判定，并提出具体的灌溉方案和抗旱措施，指导农民或有关部门科学管理农田水分，减少不必要的灌溉，节约宝贵的水资源（图4-1）。

图4-1　土壤墒情监测

对土壤墒情进行分析和判定依据的是土壤含水量与对应的作物生长发育阶段的适宜程度，一般划分为过多、适宜、不足3个等级。过多：土壤含水量超过作物播种或生长发育阶所需适宜土壤含水量上限，甚至出现地表积水或径流，此时会对作物播种、出苗和生长发育带来不利的影响，建议采取排水等措施。适宜：土壤含水量满足作物播种或生长发育阶段需求，大部分情况下土壤相对含水量在60%～80%有利于作物的正常生长，但也要根据作物生育期及品种进行调整。不足：土壤含水量不能满足作物播种或相应生长发育的需求，此时大部分土壤含水量接近或小于毛管断裂含水量，此时建议进行灌溉或开展其他抗旱措施。

二、农田测墒灌溉技术

目前，农田测墒灌溉技术在北京主要在小麦、玉米上应用，一般300～500亩设立一个墒情监测点，在作物生长阶段，每隔15天测1次土壤墒情；在作物需水的关键时期，一般需适当增加墒情监测的密度和频率。通过应用测墒灌溉技术，作物全生育期可平均减少1次灌水，每亩节水30～50立方米。下面介绍下冬小麦及夏玉米测墒灌溉技术。

1. 冬小麦农田测墒灌溉技术

播种期：冬小麦播种的足墒标准是0～20厘米的土层土壤含水量为田间持水量的70%～85%，低于70%即应灌水，一般灌水定额为30～40立方米/亩，过小则不能保证小麦发芽出苗。

幼苗期：此时小麦进入越冬前期，冬灌不仅可以满足麦苗需水要求，且平抑地温，含水量为田间持水量的65%～85%时适宜，低于田间持水量的65%，则需要进行灌溉。

返青期：土壤适宜土壤含水量为田间持水量的60%～80%时，可不灌返青水，以免抑制土温回升。

拔节孕穗期：冬小麦拔节孕穗期是耗水强度最大的阶段，此时为3月下旬到4月上旬，土壤相对含水量在65%～85%较为适宜。土壤相对含水量低于田间持水量的70%时，应及时进行灌溉。

抽穗扬花期：小麦进入抽穗开花期以后，耐旱而怕涝渍，土壤含水量为田间持水量的65%～85%为宜，如果土壤含水量低于60%，则需要灌溉，灌水量宜小。

灌浆成熟期：小麦灌浆成熟期耐旱性增强，土壤相对含水量在田间持水量65%～80%较为适宜，土壤含水量低于65%时易发生干旱，会影响有机养分的合成和向籽粒中输送，使千粒重下降，严重影响产量（图4-2至图4-8）。

图4-2　冬小麦田间生长

图4-3　冬小麦田间长势

图4-4　冬小麦灌溉冻水示意图

图4-5　冬小麦墒情监测

图4-6　冬小麦幼苗期

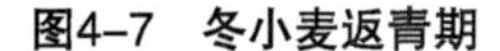

图4-7　冬小麦返青期

图4-8　冬小麦灌浆成熟期

2. 夏玉米农田测墒灌溉技术

播种期：玉米适宜播种的土壤相对含水量在75%～85%比较适宜，如遇干旱、土壤含水量低于田间持水量的75%时，应及时灌溉，保证足墒播种。

幼苗期：适宜的土壤相对含水量在65%～80%，玉米苗期耐旱，不耐涝渍，在这个阶段要控制土壤含水量，如果为田间持水量的60%左右则有利于蹲苗，促进根系下扎，增强耐旱能力。

拔节期：该期玉米耗水量大，适宜土壤的含水量为田间持水量的70%～90%。

抽雄开花期：玉米需水的临界期，适宜的土壤含水量为田间持水量的65%～90%。

灌浆期：灌浆阶段是夏玉米生长期灌溉次数最多、灌溉增产效果最大的时期。适宜土壤的含水量为田间持水量的65%～85%，如土层含水量低于田间持水量的65%，应及时进行灌溉。

成熟期：成熟阶段适宜的土壤含水量为田间持水量的60%～70%，要注意高温多雨天气，土壤含水量过大会造成根系缺氧坏死，出现青枯死亡（图4-9、图4-10）。

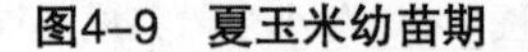

图4-9　夏玉米幼苗期

图4-10　夏玉米灌浆期

三、张力计指导灌溉技术

张力计又称负压计，是一套反应土壤墒情状况、指导适时灌溉直观实用的仪器设备，多用于棚室作物上进行测墒灌溉，由多孔陶土头、真空表和其他附件组成，多孔陶土头是仪器的感应部件，真空表是土壤水势（吸力）的指示部分。张力计显示的水势数值，反映了土壤中水分的状况（墒情良好或亏缺）。土壤水势与含水量之间的关系称之为土壤水分特征曲线。土壤不同，土壤水分特征曲线不同。根据张力计测得的水势值，从土壤水分特征曲线可以推求土壤的含水量。

使用张力计指导灌溉，一般结合土壤水分特征曲线参照表盘上有4个区域，颜色分别为黄色、绿色、蓝色和红色。当张力计指针指在黄色区域时，表示土壤水分过多，土壤的透气性太差，作物不能正常生长，需要排水；当张力计指针指在绿色区域时，表示土壤水分状况最佳，不需要灌溉；指针指在蓝色区域时，表示土壤水分状况良好，基本能够满足作物生长的需水量，不需要灌溉；指针指在红色区域时，表示土壤水分亏缺，需要对作物进行灌溉，否则会影响产量和品质。通过读取张力计指针在表盘上4个颜色区域的位置来判断作物是否灌溉，简单有效（图4-11、图4-12）。

图4-11　张力计灌溉指导

图4-12　张力计示意图

第二节　节水灌溉制度

一、节水灌溉制度定义

节水灌溉制度是指把有限的灌溉水量在作物生育期内进行最优分配，以提高灌溉水向根层贮水的转化效率和光合产物向经济产量转化的效率。在水源充足时，节水灌溉制度应是根据作物需水规律及气象、作物生长发育状况和土壤墒情等对农作物进行适时、适量的节水灌溉；在水源供水不足的情况下，采用调亏灌溉等技术，将有限的水量在作物间或作物生育期间内进行最优分配，确保各种作物水分敏感期的用水，减少对水分非敏感期的供水。通过制定节水高效灌溉制度一般不需要增加很多投入，只是根据作物生长发育，对灌溉水进行时间上的优化分配，农民易于掌握，是一种投入少、效果显著的管理节水措施，一般可节水30%～40%。

二、调亏灌溉技术

调亏灌溉作为一种新型的灌溉方法，与传统灌溉的区别在于它根据作物的遗传和生态特性，在作物生长的某一阶段，人为地对其施加一定程度的水分胁迫，通过作物自身的变化实现高水分利用率。同时调控光合产物在营养器官和生殖器官之间的分配比例，提高其经济价值。

调亏灌溉的关键在于选择适于作物的调亏时期，如大白菜适宜的调亏时期是在结球中后期，这时适当减少灌溉量进行调亏灌溉，可以在基本不影响产量的前提下大幅节水，但如果在大白菜生长早期进行调亏灌溉处理，则会造成大白菜的大幅减产（图4-13）。李光永等在桃树果生长缓慢期以蒸发量20%进行亏缺灌溉，而在其他季节以蒸发量80%进行充分灌溉。与充分灌溉比较，调亏灌溉对产量没有影响，灌水量减少了32%，并有效抑制了枝条生长。中国农业大学刘向莉等发现，亏缺灌溉处理能提高番茄果实的品质和水分利用率，提出一穗果的果实膨大期开始亏缺灌溉，控制灌水量为正常灌水量的50%～75%效果较好。

图4-13　大白菜生长势

三、灌溉自动控制技术

灌溉自动化控制系统主要是通过自动监测土壤水分、土壤温度、大气温度、大气相对湿度等参数，结合数学模型来预报灌水时间和需灌水量，在无人情况下，按照程序或指令来自动控制灌溉。自动控制系统根据作物需水规律实施灌溉指导，根据土壤湿度状况等气象条件提示灌水需求，为用户是否采取农田排水措施提供参考（图4-14）。

图4-14　灌溉自动化设备

灌溉自动控制技术的特点：一是将自动控制技术应用于节水灌溉系统，通过空气温度、湿度和土壤湿度等主要生态因子多参数控制模式调节作物生长；二是可根据作物不同生长发育期的需水规律，指导作物的水肥控制管理；三是操作简单，能实时显示各传感器的测试值和各控件的运行状态，并可将这些参数存储备用，通过人机结合，为作物生产创造优化的生态环境条件。

四、不同果菜节水灌溉技术

番茄植株生长发育既需要较多的水分，又具有半耐旱植物的特点。番茄不同生育阶段对水分的要求不同，一般幼苗期生长较快，为培育壮苗，避免徒长和病害发生，应适当控制水分，土壤相对含水量在60%～70%为宜。第一花序坐住果前，土壤水分过多易引起植株徒长，造成落花落果。第一花序坐果后，果实和枝叶同时迅速生长，至盛果期都需要较多的水分，应经常灌溉，以保证水分供应。在整个结果期，水分应均衡供应，始终保持土壤相对含水量70%～80%，如果水分过多会阻碍根系的呼吸及其他代谢活动，严重时会烂根死秧，如果土壤水分不足则果实膨大慢，产量低。在此期间，还应避免土壤忽干忽湿，特别是土壤干旱后又遇大水，容易发生大量落果或裂果，也易引起脐腐病。以北京地区日光温室秋冬茬番茄为例，灌水定植后及时滴灌1次透水，一般灌水20～25立方米/亩；根据蹲苗需要和墒情状况，在苗期和开花期各滴灌1～2次，每次灌水6～10立方米/亩；从果实膨大期开始每隔5～10天滴灌1次，每次灌水6～12立方米/亩。秋季随着气温的降低和蒸发量的减少，逐步延长灌溉间隔时间。拉秧前10～15天停止浇水（图4-15、图4-16）。

图4-15　番茄滴灌灌溉技术

图4-16　番茄生长势

黄瓜属于浅根系作物，不同生育期对水分需求有所不同。幼苗期和根瓜坐瓜前土壤湿度一般应控制在田间持水量的60%～70%；湿度过大，易于造成幼苗徒长。结果期黄瓜需水量最大，适宜的土壤湿度为田间持水量的80%～90%，湿度过低，容易引起植株早衰和产量降低，且畸形瓜比例增加。另外，黄瓜根系呼吸强度大，浇水过多或雨后田间积水又易于发生沤根，故黄瓜又忌涝。以北京地区日光温室秋冬茬黄瓜为例，定植后及时滴灌1次透水，一般灌水20～25立方米/亩；在苗期和开花期各滴灌1～2次，每次灌水6～10立方米/亩，如墒情好也可不浇水；坐瓜后每隔4～8天滴灌1次，每次灌水5～10立方米/亩。拉秧前10天停止浇水（图4–17）。

图4–17　黄瓜田间长势

茄子对土壤含水量的要求也比较高，对水分的需求又随着生育阶段的不同而有所差异，在茄子“瞪眼”以前需水量较少，“瞪眼”后需要水分较多，结果盛期需水量大，要及时灌溉，保持土壤湿润。大暴雨较多，地势较低的地方要及时排水，所以茄子栽培必须做到旱能浇，涝能排。定植后及时滴灌一次透水，一般灌水为20～25立方米/亩；根据蹲苗需要和墒情，在苗期和开花期各滴灌1次，每次灌水6～10立方米/亩；门茄坐果后，每隔5～10天滴灌1次，每次灌水6～10立方米/亩。拉秧前10～15天停止浇水（图4–18）。

图4-18　茄子田间长势

西瓜是需要水量较多的作物。不同生长发育期对水量需求不同，一株2～3片真叶的细长苗每昼夜的蒸腾水量为170毫升，每一朵雌花开放时达250毫升，而长成的植株竟高达几升。所以应根据西瓜不同时期的需水特点，适时适量供水。一般苗期土壤相对含水量控制在65%左右，伸蔓期为70%，而果实膨大期为75%，不宜大于80%。西瓜一生需水关键期有两个阶段：一是雌花现蕾到开花期，此时如果水分不足，雌花蕾小，子房瘦小，影响坐果。二是在果实膨大期，若此时缺水，则果实甚小，易出现扁瓜、畸形瓜，严重的影响产量与品质。虽然西瓜需水量大，但根系不耐水涝，在一天左右的水淹环境下，根部就会腐烂，易造成全部瓜秧死亡，所以要选择地势较高，排灌水方便的地块栽植。以北京地区大棚春茬西瓜为例，定植后立即滴灌1次，水量15立方米/亩左右。出苗后视墒情进行滴灌，一般苗期每5～7天滴灌1次，每次8～10立方米/亩；伸蔓期每5～7天滴灌1次，每次10～12立方米/亩；膨大期每6～8天滴灌1次，每次11～13立方米/亩（图4-19至图4-21）。

图4-19　西瓜定植期田间长势

图4-20　西瓜伸蔓期

图4-21　西瓜膨大期

第三节 农业水资源管理政策

一、农业水资源管理政策节水的重要性

现代化农业节水技术具有良好的节水效果，可以极大提升水资源的利用效率，具有显著的社会效益和生态效益，但经济效益并不明显，对处于经济弱势地位的农民而言，应用成本是当前制约农业节水技术推广的主要瓶颈，当下北京地区农业用水基本上属于无偿使用，这种传统的农业水费“暗补”模式，带来的往往是农业用水的低效率，同时农业用水主体无法通过节省水资源费的途径弥补节水技术的成本投入，激励作用极为有限。要破解这一难题，就需要政府制定相配套的节水补贴及管理制度明确农业节水工程设施管护主体，落实管护责任，完善农业用水计量设施，加强水费计收与使用管理，并完善农业节水社会化服务体系，打造水权交易平台，合理确定灌溉用水定额，并建立必要的资金物资激励机制（图4-22至图4-24）。

图4-22 北京市节水技术培训

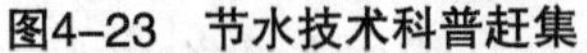
图4-23 节水技术科普赶集

图4-24 蔬菜节水技术培训会

二、制度节水的主要方式

1.建立水权交易打造利益共同体

通过建立水权交易平台，实现政府水利管理部门、社会与个人在成本和利益方面的一致。以“水权”的形式进行交易，在农村地区建立完善的水权制度和水权交易市场，超额使用水资源，水利管理单位与农民共同承担超额用水惩戒措施，节约下来的水资源所得的收益奖励水利管理部门和农民，将水利管理单位与用水的农民结成利益共同体，从制度层面实现水资源高效利用，节约水资源所收奖励不应仅以资金为主，应与节水设备耗材相联系，实现良性循环，通过利益杠杆刺激用水者的节水意识打破传统的农业水费“暗补”模式，起到限制超额用水和肆意浪费水资源的行为，又不至于对农村困难户的生活造成较大的影响。

2.建立农业用水的宏观指标和微观定额

制定农业用水的宏观指标和微观定额制度，宏观指标一般为测定该地区的正常用水量，以此为基数，确定农业用水的节约率及相应的考核指标，以此对政府水利管理部门进行考核。微观定额则具体到各村各户，形式上应适合产业结构及用水需求，可按照种植棚室进行定水定额，如《北京市推进“两田一园”高效节水工作方案》规定设施作物每年用水量不超过500立方米/亩，粮田、露地菜田每年用水量不超过200立方米/亩，鲜果果园每年用水量不超过100立方米/亩。也可根据本村实际情况如基本以西瓜为主，则以西瓜作物需求作为本村的定额标准，促进本村优势行业整体有序发展。

第五章　工程节水技术

第一节　低压管道输水灌溉技术

低压管道输水灌溉技术简称“管灌”，是利用低压管道代替渠道输水的一种灌水方法。低压管道输水灌溉是指在井灌区，利用水泵抽取井水，给灌溉水体施加少量压力，以管道代替明渠，通过管道直接将水体施加少量压力，以管道代替明渠，通过管道直接将水送到田间沟畦，来灌溉农田的一种灌溉技术。低压管道输水灌溉可以减少水在输送过程中的渗漏和蒸发损失，省水、省时、省工、省地、省电，便于管理和机耕，农民常形象地称为“田间自来水”，管灌是我国北方地区发展节水灌溉的重要途径之一，管道系统水利用系数在0.95以上，比土渠输水节水30%左右；能耗减少25%以上，并且低压管道输水与节水型地面灌溉结合会有更好的节水效果，颇受农民群众欢迎，在节水设施薄弱的地区，大力发展低压管道输水灌溉技术是节水灌溉的重要途径。

低压管道输水灌溉系统一般由水源、水泵及动力设备、输水管网、出水装置等几部分组成。水源应符合农田灌溉的水质标准；按用水量和扬程的大小选择适宜的水泵，动力机多选用电动机或柴油机；输水管网可以采用混凝土管、塑料管等，与相应的管件组合在一起，构成一级、二级或多级的输水管网。地埋管道以PVC塑料管道应用最多，并设安全保护装置，包括安全阀和进排气阀等（图5-1、图5-2）。

图5-1 低压管道灌水技术

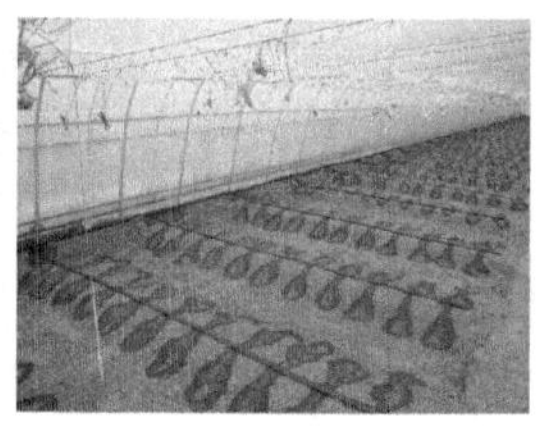

图5-2 低压管道输水技术

第二节 防渗渠道输水灌溉技术

渠道防渗输水技术就是在渠床上加做防渗层，或通过夯实来降低渠床土壤渗水性能，达到减少渗漏损失的目的。防渗渠道主要包括砌石渠道、混凝土衬砌渠道、土料渠道、塑膜类衬砌渠道等（图5-3）。

图5-3 渠道防渗输水技术

砌石防渗技术有很好的抗冷

缩和热胀性，同时还具有一定的抗冲击性。砌石防渗技术的使用能有效提高渠道防渗水平，砌石防渗还有很好的经久耐用性。砌石防渗主要适用于水流较急的渠道。砌石防渗技术在工程施工中，可以直接修砌在渠道基床上。在砌石铺设开始之前，铺设一层水泥砂浆，这样就大大提高渠道防渗水平。砌石渠道的砌石防渗层出现沉陷、脱缝、掉块等情况时，应将破损部位拆除，冲洗干净，再选用质量、大小适合的石料、坐浆砌筑。对于裂缝，可用水泥砂浆重新填筑、灌浆处理（图5-4）。

图5-4　砌石防渗技术

混凝土防渗技术是一种常见的渠道防渗方法，也收到了良好的防渗效果，它的优点是防水抗冲刷能力强，能够达到水利工程要求的强度，使用时间长，水资源输送能力强，同时对气候和环境没有过于严苛的要求。混凝土防渗技术也有自身的缺点，就是在工程地沙石较少时，增加工程投入成本，降低了施工单位的效益。同时，混凝土衬砌板在发生变形时，就可能影响使用，也造成施工成本的增加。在混凝土防渗工程施工中，要加入适量的强化剂和干化剂，提高混凝土的性能。在混凝土预制板完成初期，要进行覆膜处理，当预制板达到要求后再进行拆模处理，当强度达到了设计要求后，进行预制板的运输。在工程砌缝中，使用水泥砂浆进行填缝，一般是选用1：2.5水泥砂浆进行接缝处理。在工程施工完成后，还要定期对工程进行维护和保养，提高工程的使用年限。混凝土衬砌渠道的防渗层产生裂缝时，可用过氯乙烯胶液涂料粘贴玻璃丝布进行修补或采用填筑伸缩缝的方法修补；对于砌筑缝的开裂、掉块等病害，凿除缝内水泥砂浆块，重新填塞水泥砂浆；对于混凝土防渗板表层的剥蚀、孔洞等，可采用水泥砂浆修补，对于防渗层的破碎、错位等，应拆除损坏部位重新砌筑（图5-5）。

图5-5 混凝土防渗技术

土料防渗最大的优势就是可以在施工当地取材，这样就直接降低了工程的资金投入，同时可以使用机械进行工程作业，施工比较简单等优点。但是，也存在自身的弊端，如容易受到冷冻低温环境的影响，直接导致工程中防渗层疏松，失去防渗能力。所以土料防渗只能适应中小型的渠道防渗工程中，在土料防渗施工中，要先对土料进行粉碎，使土料大小均匀，再对涂料进行筛选，以便于保证涂料的纯净性，达到工程施工使用要求的土质。在施工当中，要求土料干湿搅拌均匀，这样施工建设的土料工程，才能更加坚固和耐用。土料防渗层的厚度至少要大于15厘米，同时在施工当中要分层进行铺设，在铺设中要达到土料施工的技术要求，土料渠道的土料防渗层出现裂缝、破碎、脱落、孔洞等，应将这些部位凿除，清扫干净，用与原来防渗层相同的素土、灰土、水泥土等材料回填夯实，整修平整，或用水泥土或砂浆填筑抹平（图5-6）。

图5-6 防渗沙防渗技术

膜料防渗具有其自身优势，在水利工程中，施工材料成本低，使用方便体重较轻，便于运输且运输费用低，在施工中使用也比较方便快捷。膜料材料还有一个最主要的特点就是具有很强的变形能力，可以适应各种地形，并且还具有一定强度的抗腐蚀性。膜料防渗材料自身最大的缺点就是抵抗穿刺能力比较差，容易发生老化和风化现象，不适合长时间的使用。在施工过程中，要特别注意膜料自身的完整性，如发现破损要及时进行处理和更换。在渠道铺设膜料时，要先对渠道中的杂草进行清理，再根据渠道的大小，对膜料进行加工以便于适应渠道的覆盖面积，在铺设时要保证膜料的平整，最大限度的发挥膜料防渗的作用。塑膜类衬砌渠道正常运行通水时，要控制水位上升或降落速度。开闸时要分次加大；停水时进水闸要逐渐关闭。保护层出现裂缝或滑坍时，可按相同材料防渗层的修补方法进行修理（图5-7）。

图5-7　膜料防渗技术

第三节　保护地膜面集雨技术

一、保护地膜面集雨技术优势

膜面集雨高效利用技术是通过修建集雨窖、集流槽、沉淀池、蓄水池等设施，将降落在温室、大棚等的棚膜表面上的雨水收集存储起来，再将雨水通过微灌施肥系统高效利用于设施农业生产或景观优化等的一种微型水利工程。一方面是通过建造雨窖、集流槽和沉淀池，充分收集贮存降落在保护地膜上面的雨水，另一方面是在保护地作物需水的关键时期，通过提水设施、过滤系统和微灌施肥技术高效利用雨水（图5-8）。

图5-8 膜面集雨技术

膜面集雨高效利用技术的优点如下。

可以减少开采地下水，为种植业结构调整提供水源。京郊地区多年平均降水量585毫米，按可收集率60%计算，每亩日光温室可蓄集雨水234立方米，如果配合地膜覆盖和微灌施肥等高效利用技术，所集雨水可以基本满足设施生产的需要。在有灌溉条件的地区，可以减少开采大量地下水；对原来没有灌溉条件的地区，采用膜面集雨高效利用技术可以种植高附加值的设施作物，为种植业结构调整提供水源条件。

雨水水质较好。据北京市农业技术推广站2009年对全市地下水、地表水、雨水和再生水4种类型的水质测定，集雨窖收集的雨水氯化物和钙镁离子含量是最低的，铁、锰和悬浮物含量也较低，有利于花卉和水果生长发育。

二、保护地膜面集雨系统的构成

膜面集雨系统是由膜面集雨系统包括温室膜面、集流槽、栅格、沉淀池、过滤网、集雨窖、潜水泵等设备；其中集雨窖、集流槽和沉淀池是膜面集雨高效利用系统核心。

1. 集雨膜面

集雨膜面指雨水降落并参与汇集雨水的各种表面，这里特指设施农业的覆盖面即棚膜等。集雨膜面的面积一般按照垂直方向的投影面计量（图5-9）。

图5-9　膜面集雨技术

2. 集流槽

集流槽是把集雨面上汇集的雨水导入到集雨窖的一种凹型槽，其构造可以是砖砌、水泥浇筑或一条上覆盖料膜的沟，要有一定坡度，高点与底点差0.2%为宜，在集流槽末端连接沉淀池加设栅栏和过滤网。修建集流槽时，应根据棚长灵活掌握，距离水窖越近，槽逐渐加深。以常规棚室为例，一般集流槽长50米、宽24厘米，槽深从远端15厘米逐渐加至近端24厘米（图5-10）。

图5-10　集流槽示意图

3. 沉淀池

沉淀池是连接集流槽和集雨窖的小水池，起着对雨水过滤净化的作用。一般长1米、宽40厘米、深50厘米；沉淀池进水口为24厘米×24厘米的明渠，出水口为直径30厘米的水泥管。位于集流槽末端，通过管道与集雨窖相连接。沉淀池的进水口加设栅格，出水口安装过滤网。沉淀池出水口底部高于进水口底部2～3厘米，起净化过滤雨水的作用（图5-11）。

图5-11　沉淀池示意图

4. 集雨窖

集雨窖是用来储存雨水以备后用的方形或圆形水窖，一般采用封闭埋藏式，是整个集雨利用系统的关键，其容积大小需要根据降水量、集雨量和用水量来优化确定，以建造配置标准温室（长50米，跨度8米）的集雨窖为例，集雨窖应建于地下0.5～3米。为保证冬季用水和春季继续种植作物，集雨窖上应覆盖50厘米的土层。窖底部有一定的坡度，同时建造一个凹陷的潜水泵位。根据材料的不同，水窖有混凝土浇筑、砖砌结构和铺设防渗膜3种类型。浇筑混凝土建造集雨窖时，按先浇低，后浇墙面再浇窖口的顺序进行。窖低浇筑每层厚20厘米，捣固密实。墙面浇筑用抹子将混凝土贴上及时拍打直至密实。浇筑时要注意预埋进水管（地面下80厘米处），并在进水口加装过滤网及预留安装出水管的孔，在集雨窖底部建一凹槽作为潜水泵的位置。浇筑3天后回填土至地面高。回填要夯实沿圆均匀升高（图5-12）。

图5-12　集雨窖示意图

5. 蓄水池

蓄水池是连接集雨窖和微灌施肥系统的枢纽装置，建于设施农业内部。蓄水池可起到雨水二次净化的作用，蓄水池一般为2～3立方米置于棚内一侧，可根据实际情况选用砖砌结构、铸铁焊制和商品容器3种类型。应尽可能减少土地的占用量。

三、保护地膜面集雨系统的维护

1. 保持窖内湿润

集雨窖建成后，先灌入一定数量的水，起到保养集雨窖的作用，具有防渗功能的集雨窖，特别是采用胶泥防渗材料的水窖不允许将水用干，以保持窖内湿润，防止窖壁干裂而造成防渗层材料的脱落，同时要定期清理集雨窖。应在雨季来临前对集雨窖进行1次清理，以提高存储雨水的水质，窖内淤积轻微（淤积小于0.2米）当年可不必清淤，当淤深大于0.3米时，要及时清淤。对于开敞式集雨窖，应尽量避免阳光直射造成藻类的大量繁殖滋生，否则不仅将影响雨水的水质，还易造成后续过滤系统和灌溉系统失灵，增加了后续维护工作量（图5-13）。

图5-13　膜面集雨窖

2. 优先使用积攒的雨水灌溉

集雨后优先使用雨水灌溉，雨季来临前窖中水至少用掉2/3以上，腾出窖容以接纳雨水，同时要防止超蓄。当蓄水至集雨窖上限时要及时关闭进水口或事先预留溢水口，防止窖体超量蓄水坍塌

（图5-14）。

图5-14 膜面集雨优先使用

3. 沉淀池应加盖

防止树叶、枯枝等杂物落入，每次引蓄雨水前及时清除池内淤泥，以便再次发挥沉沙作用；及时维修池体，保证沉淀池完好；定期检查过滤网的完好程度，发现过滤网破损应及时更换。

4. 及时修补和清洁集流面与清理集流槽

雨季来临前应及时修补温室膜面和集流槽，如果温室膜面和集流槽破损，很难保证雨水收集到集雨窖中。同时雨水集流过程一般携带较多的泥沙，平时的农业生产过程中也很容易将泥沙堆积于集流槽中。因此，集流槽的清理疏通工作必须及时到位，否则将严重影响雨水径流，降低雨水收集的效率，同时集流面、集流槽的清洁程度对收集雨水的水质会产生明显的影响，应根据当地的降雨特点对集流面、集流槽进行清洁，北京地区应选择在4、5月夏季降雨来临前对集流面和集流槽进行清理，能够较大程度地改善雨水水质。如果集流槽为开敞式的，冬季将会降低温室内前脚温度，因此每年10月底应用土和草帘将集流槽埋上，每年雨季来临前将集流槽清理干净（图5-15）。

图5-15 集流槽

第四节　微灌施肥系统

一、微灌施肥系统的构成

微灌施肥系统是借助施肥设施，在灌溉的同时将肥料配成肥水混合液，通过低压管道系统与安装在末级管道上的灌水器，将水肥混合液以较小的流量均匀、准确地直接输送到作物根部附近的土壤表面或土层中，从而达到精确控制灌水量、施肥量和灌水施肥时间的办法。微灌施肥系统是由水源、首部枢纽、输配水管网、灌水器以及流量、压力控制部件和测量仪表等组成。常见的微灌施肥系统有滴灌、微喷及小管出流等设备（图5-16）。

图5-16　微灌施肥系统

1. 水源

江河、湖泊、沟渠、库塘、井泉、再生水等，只要水质符合GB 5084—1992《农田灌溉水质标准》要求，均可作为微灌施肥的水源。在布置水源工程时，一个重要的影响因素是水源的位置和地形。当有几个可用的水源时，应根据水源的水量、水位、水质以及滴灌过程的用水要求进行综合考虑。通常在满足微灌水量、水质需要的条件下，优先选择距灌区最近的水源，以便减少输水干管的投资。在平原地区利用井水作为滴灌的水源时，应尽可能地将井打在灌区中心。蓄水和供水建筑物的位置应根据地形地质条件确定，必须有便于蓄水的地形和稳固的地质条件，并尽可能使输水距离短，在有条件的地区尽可能利用地形落差发展自压微灌，微灌水质除必须符合GB 5084—1992《农田灌溉水质标准》的规定外，还应满足，进入微灌管网的水应经过净化处理，不应含有泥沙，杂草，鱼卵，藻类等物质；微灌水质的pH值一般应为5.5～8.0；微灌水的总含盐量不应大于2 000毫克/千克；微灌水的含铁量不应大于0.4毫克/千克；微灌水的总硫化物含量不应大于0.2毫克/千克（图5-17）。

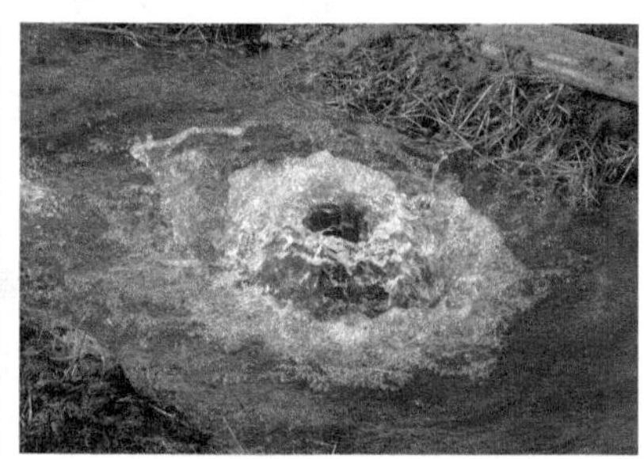

图5-17　微灌灌溉水源地

2. 首部枢纽

首部枢纽包括水泵等加压设备、施肥设备、过滤设备、控制阀、进排气阀、流量及压力测量仪表等。它们的作用是从水源中增压并将其处理成符合微灌水质要求的水和肥输送到系统中进行耦合灌溉。动力机可以是电动机、柴油机或汽油机等（图5-18）。

加压设备是微灌施肥系统首部枢纽的重要设备之一，主要满足微灌工程对管网水流的工作压力和流量的要求。加压设备包括水泵及向水泵提供能量的动力机。从能量的观点来说，水泵是一种转换能量的机器，它把原动机的机械能转化为被输送的水的能量，使水的流速和压力增加，微灌施肥系统中的水泵有潜水泵、深水泵、普通离心泵等。在有足够自然水头的地方不安装水泵，利用重力进行灌溉。

图5-18 首部枢纽装置

过滤设备的作用是将灌溉水中的固体颗粒滤去，避免污物进入系统，造成系统堵塞。过滤设备常分为二级，首级应安装在输配水管道之前，次级应安装在灌水器之前。微灌灌水器的出水孔径一般都很小，极易被水源中的污物和杂质堵塞。任何水源都不同程度地含有各种污物和杂质，即使水质良好的井水，也会含有一定数量的沙粒和可能产生化学沉淀的物质。同时对于供水量需要调蓄或含沙量很大的水源，常要修建蓄水池或沉淀池。沉淀池用于去除灌溉水源中较大固体颗粒，为避免在沉淀池中产生藻类等微生物，应尽可能将沉淀池或蓄水池加盖封闭。微灌系统常用的过滤设备有离心式过滤器，又叫水沙分离器，能连续过滤高含沙量的灌溉水，但水头损失大，不能除去与水比重相近和比水轻的有机质等杂物，且有较多的沙粒进入系统，适于作初级过滤器；沙石介质过滤器，利用沙石作为过滤介质，污水通过进水口进入滤罐，经过沙石之间的孔隙截留而达到过滤的目的，过滤可靠、清洁度高，且带有反冲洗功能，可根据需要定期清洗滞留在沙石间的污物，但价格较高且体积大；筛网过滤器，利用金属或塑料制成的滤网进行过滤，适于作为小面积地块首部的末级过滤器，筛网过滤器造价较低，但当有机物含量稍高或压力较大时过滤效果很差；叠片过滤器，利用较多的带沟槽的薄塑料圆片作为过滤介质，可以去除水中的悬浮物，对于浊度较大的地下水、河水过滤效果相当好，但处理胶体不够彻底（图5-19、图5-20）。

图5-19 微灌过滤装置

图5-20 筛网过滤器

施肥设备用于将肥料、除草剂、杀虫剂等按一定比例与灌溉水混合，直接注入微灌系统，加肥设备应在过滤设备之前。灌溉施肥中常用的施肥设备有压差式施肥罐、文丘里施肥器和注肥泵3种，压差式施肥罐的工作原理是将储肥罐与灌溉管道并联，通过控制调压阀使其两侧产生压差，部分灌溉水从进水管进入储肥罐，再从供肥管将经过稀释的水肥混合液注入灌溉水中。其优点是造价低，不需外加动力设备。缺点包括：储液罐中的水肥混合液不断被水稀释，输出肥液浓度不断下降，且各阀门开度与储液罐的供液流量之间关系复杂，造成水肥的混合浓度无法控制；罐容积有限，添加肥液的次数频繁；因安装调压阀造成一定的水头损失。文丘里施肥器的工作原理是液体经过流断面缩小的喉部时流速加大，产生负压，从而吸取开敞式化肥罐内的肥液，优点是成本低廉、不需要额外动力、施肥浓度比较均匀。缺点是在吸肥过程中的水头损失较大，只有当文丘里管的进、出口压力差达到一定值时才能吸肥，一般要损失1/3的压力。适合于水压力较充足的输水管道使用。注肥泵的工作原理是通过注射泵向微灌系统主管道注入调配好的肥液。其优点是可以随时调节注肥浓度，缺点是需要配备额外的动力系统，造价高（图5-21）。

图5-21　微灌施肥设备

流量及压力测量仪表包括用于测量管路中水流的流量或压力的水表和压力表、用于测量施肥系统中肥料的注入量的转子流量计等。压力表是微灌系统中必不可少的测量装置。它可以反映系统是否按设计要求正常运行，特别是过滤器前后的压力表，实际上是反应过滤器堵塞程度及何时需要清洗过滤器的指示器。微灌系统中常用的压力测量装置是弹簧管式压力表。该表内有一根圆形截面弹簧管，管的一端固定在插座上，并与外部接头相通，可以自由移动；另一端封闭并与连杆和扇形齿轮连接，可以自由移动。当被测液体进入弹簧管内时，弹簧管的自由端在压力作用下产生位移，使指针偏转，指针在度盘上的指示读数就是被测液体的压力值。微灌系统中利用水表来计量一段时间内通过管道的总水量或灌溉用水量。水表一般安装在首部枢纽中过滤器之后的干管上，也可根据各用水单元的管理方式将水表安装在相应的支管上。微灌系统中使用的水表具有过滤能力大、水头损失小、量水精度高、量程范围大、使用寿命长、维修方便及价格便宜等特点。因此，在选用水表时，应首先了解它的规格型号、水头损失曲线及主要技术参数等。然后，根据微灌系统设计流量大小，选择大于或接近额定流量的水表，绝不能单纯以输水管管径大小来选定水表口径。当微灌系统的设计流量较小时，可选用LXS型旋翼式水表，当系统流量比较大时，可选用水平螺翼式水表。螺翼式水表的优点是：在同样口径和工作压力条件下，通过的流量比旋翼式水表大1/3，水头损失和水表体积都比旋翼式小（图5-22至图5-24）。

图5-22 微灌流量计压力设备

图5-23 微灌压力装置

图5-24 微灌水表装置

控制器用于对系统进行自动控制，具有定时或编程的功能。根据用户给定的指令操作电磁阀或水动阀、供水泵及施肥泵，使系统灌水、施肥或停止工作，既可独立控制，也可联合控制。阀门是用来控制和调节微灌施肥系统的压力、流量的执行部件，常用的阀门有闸阀、逆止阀、空气阀、水动阀、电磁阀等（图5-25）。

图5-25 微灌控制装置

3. 输配水管网

输配水管网的作用是将首部枢纽处理过的水按照要求输送到每个灌水单元（灌水小区）和灌水器。常见的输配水管网包括干管、支管和毛管三级管道。毛管是微灌系统的最末一级管道，其上安装或连接灌水器，常用聚乙烯管（PE），其他管道可用钢管、聚氯乙烯管（PVC）管、聚乙烯管（PE）及聚丙烯管（PP）等（图5-26）。

图5-26　输配水管网

4. 灌水器

灌水器是微灌系统中的关键设备，其作用是将压力水通过不同结构的流道或孔口，消减压力，使水流变成水滴、细流或喷洒状直接作用于作物根区附近。灌水器种类很多，工作特点不同，技术性能不同，适用条件也不完全相同。按结构和出流形式可将灌水器分为滴头、滴灌管（带）、微喷头、小管灌水器、渗灌管、喷水带六大类（图5-27）。

滴头是通过流道或孔口将毛管中的压力水变成滴状或细流状流出的装置称为滴头，其流量一般不大于12升/时；滴灌管是滴头与毛管制成一体，兼具配水和滴水功能。按滴灌管（带）的结构可分为两种（图5-28）。

图5-27　微灌灌水设备

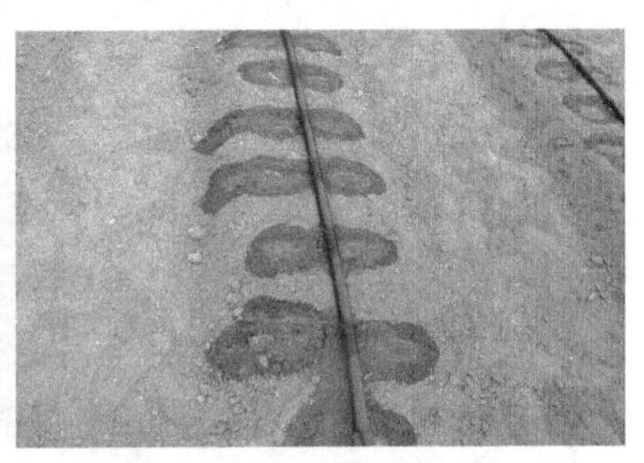

图5-28　微灌滴头示意图

微喷头是将压力水以细小水滴喷洒在土壤表面的灌水器。单个微喷头的流量一般不超过250升/时，喷洒射程小于7米。按照结构和工作原理，微喷头可分为射流式、离心式、折射式和缝隙式4种。

小管灌水器，由φ4塑料小管和接头连接插入毛管壁而成。这种灌水器工作压力低、孔口大，由于流道断面大，大大增强了抗堵性能。小管的长度可以依根据毛管和作物的距离及小管进口工作压力的大小适当调节，一般为1～2米。它有两种型式，一种是非压力补偿型，另一种是压力补偿型。

渗灌管是用2/3的废旧橡胶（旧轮胎）和1/3PE塑料混合而成的多孔管。埋于地面下20～30厘米，水通过渗孔湿润周围土壤。渗灌与其他地表灌溉相比，具有提高土壤湿度、降低空气湿度、减少病虫害、提高作物产量和品质等优点（图5-29）。

喷水带是一种薄壁PE塑料软管，在一侧的管壁上用机械或激光打出喷水微孔，以一定的角度将灌溉水喷射到空气中，在空气的作用下散落在管带两侧的土壤表面。最大喷洒宽度可达8米，长度达100米，喷洒水柔和、均匀，但喷灌强度较大，易受风影响（图5-30）。

图5-29　微渗管示意图

图5-30　喷水带示意图

二、微灌施肥系统使用的注意事项

1. 微灌施肥系统灌溉中杂质的种类及处理方式

微灌施肥系统灌溉中所含污物及杂质分为物理、化学和生物三类。物理污物及杂质是指悬浮在水中的有机或无机颗粒。有机质主要包括死的水藻、硅藻、叶子碎片、鱼、蜗牛、种子和其他植物碎片、细菌等。无机质主要是黏粒和沙粒。化学污物和杂质主要指溶于水中的某些化学物质，如碳酸钙和碳酸氢钙等。生物污物或杂质主要包括活的菌类、藻类等微生物和水生动物。消除化学和生物污物或杂质最常采用的两种化学处理法：氯化处理和加酸处理。氯化处理是将氯气加入水中，当氯溶于水时起着很强的氧化剂的作用，可以先杀死水中的藻类、真菌、细菌等微生物，是解决由于微生物生长而引起灌水器堵塞问题的有效而经济的办法。加酸处理可以防止可溶物的沉淀（如碳酸盐和铁等），酸也可以防止系统中微生物的生长。微灌系统中对物理杂质进行处理的设备和设施主要是依靠拦污栅（筛、网）、沉淀池、过滤器（水沙分离器、沙介质过滤器、网式过滤器、叠片式过滤器）等设备（图5-31、图5-32）。

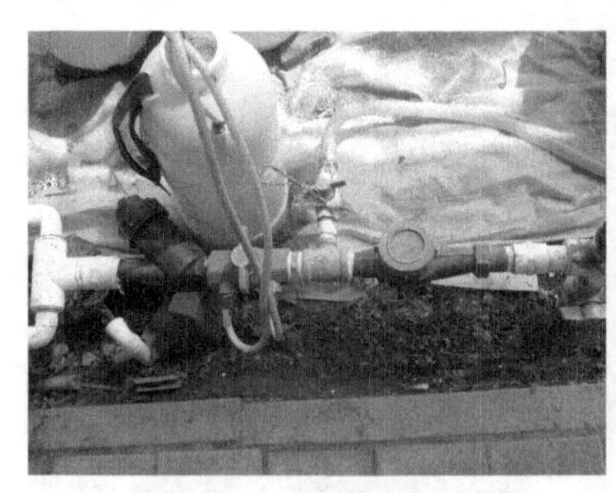

图5-31　微灌施肥设备

图5-32　微灌过滤设备

2. 微灌施肥系统肥料的选择

适合微灌施肥的肥料应满足以下要求：一是在温室条件下能够迅速地完全溶于水，且肥料之间不产生拮抗；二是杂质含量低，不会堵塞过滤器和滴头；三是与灌溉水相互作用小，不会引起灌溉水pH值的剧烈变化；四是首部枢纽和灌溉系统的腐蚀性小；五是肥料中养分浓度较高，盐基含量低。

目前适宜的肥料品种主要有三类，一是专用固体肥料；二是溶解性好的普通固体肥料；三是液体肥料。市场上有很多微灌专用固体肥料，选择时可以将少量肥料放入容器中并加水溶解，以是否有沉淀来作为判断依据。

可用于微灌施肥的单质肥料有尿素、硝酸铵、磷酸二氢钾、工业及食品级磷酸一铵、磷酸、磷酸脲、硝酸钾、氯化钾、硝酸钙、硫酸镁等。选择时应特别注意市场上销售的颗粒状复合肥、红色氯化钾、农用粉状磷酸一铵和磷酸二铵溶解性差，不能在微灌施肥中使用。实际使用时尽量不要将不同的单质肥料混合。在使用单质肥料自配微灌肥料时，一定要注意肥料的相溶性。含有磷酸根的肥料与含有金属离子的肥料容易发生拮抗反应（如钙、镁、铁、锌、锰、铜等）。含有钙的肥料不能与含有硫酸根的肥料一起使用，否则会形成沉淀。市场上常见的液体肥料一般都含有不溶物，且养分浓度一般较低，选择时应慎重（图5-33）。

图5-33　微灌灌溉肥水

3. 微灌施肥效果的影响因素

土壤质地对微灌施肥效果的影响，土壤质地在很大程度上决定着土壤的容重和结构，在制定灌溉制度时土壤容重被作为重要参数，在布置灌溉系统时也必须考虑土壤质地对灌溉水浸润半径的影响。沙土或沙质壤土，土壤阳离子交换量小，土壤的保水保肥性能差，在灌溉水量大或降水量大的情况下，水分渗漏和养分流失量大。在灌溉水量小，或者无强降雨的情况下，施肥后土壤溶液浓度上升很快，如果施肥量过大，对弱耐盐性作物可能产生危害。特别是在干旱地区的沙性土壤上，注肥应遵循少量多次的原则，同时注意保持一定的灌溉水量。重壤或黏土的情况与沙土则相反，其保水保肥能力大，水的浸润半径也大，土壤干缩湿胀明显，对盐分离子有较强的缓冲能力。但是，一旦有害离子在土壤中积累，冲洗比较困难，耗用的水量也较多，壤土的性质介于二者之间（图5-34至图5-38）。

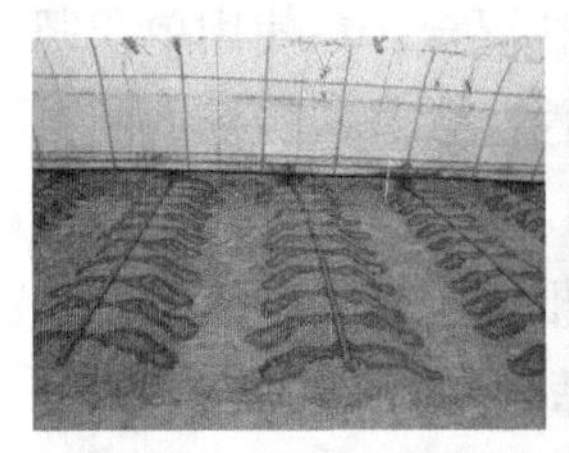

图5-34 微灌安装现场

图5-35 微灌种植作物

图5-36 覆膜微灌技术

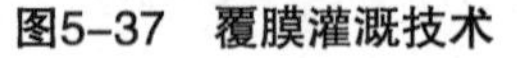

图5-37 覆膜灌溉技术

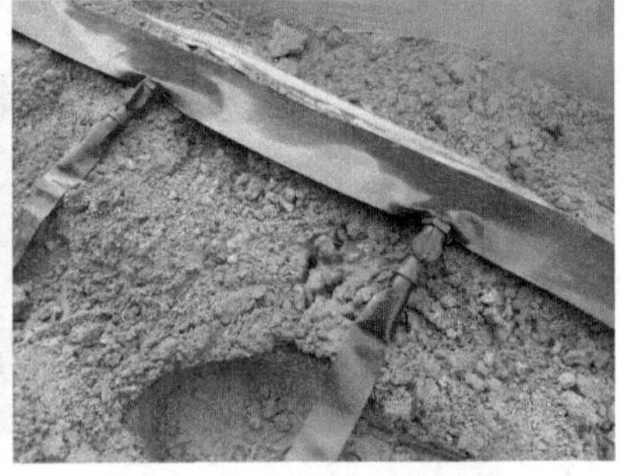

图5-38 安装微灌示意图

温度对微灌施肥效果的影响，土壤的低温和高温都影响根毛的形成和伸长，进而影响作物对养分的吸收，低温能减弱根部的呼吸强度，使根系的能量供应减少，降低根系对养分的吸收能力；低温使微生物活动和酶活性减弱，使土壤养分供应能力下降；同时，土温还影响硝化反应与反硝化反应、铵化反应的速度。在微灌施肥实践中，要因地制宜控制地温。例如，在我国北方保护地越冬栽培条件下，蔬菜幼苗移栽后，已进入晚秋，地温较低。覆盖地膜，不仅可以防止土壤水分蒸发，还可以促进地温提高，有利于迅速“缓苗”。缓苗之后，又通过通风、凉棚抑制土温，防止幼苗旺长，以达到“炼苗”的目的。这样有效地控制土温，既可以促进作物生长，又能提高微灌施肥的成效。

土壤通透性对微灌施肥效果的影响，土壤通透性主要由质地和结构决定的，土壤通透性好，土壤空气中含氧量增加，有利于作物根呼吸，从而促进根系对水分和养分的吸收。当土壤空气的氧不足时，根的吸收性能被抑制。土壤通透性好，有机物分解矿化快，养分积累多，对作物供应充分，土壤通气不良，养分被还原，有利于发生反硝化反应，有害离子易积累。所以，要增施有机肥，促进土壤良好结构形成，增强通透性；另外，要合理耕翻土壤。保护地栽培秋季作物定植前，要深耕整地，疏松土壤；果园也要进行中耕。

土壤有机质含量和化学性质对微灌施肥效果的影响，土壤有机质能促进团粒结构形成，提高土壤阳离子交换量和保水保肥能力，同时，有机质本身就是各种养分的供给源。土壤pH值为6 ~ 8时，有利于铵化作用和硝化作用的发生。碳酸钙含量高的土壤，土壤中交换性钙离子也较多，钙离子能促进作物对铵离子（NH_4^+）和钾离子（K^+）的吸收。对磷素来说，有效性最佳的pH值范围值为6.0 ~ 6.5，pH值过高或过低都会降低磷素的有效性。在土壤碳酸钙和碳酸镁的含量较高的情况下，磷素和微量元素容易被固定。所以，应该根据土壤化学性质合理分配基肥和注肥的比例，在pH值较高、碳酸钙和碳酸镁含量较多的土壤上，应适当减少磷肥的基施量，增加注肥比例（图5-39）。

图5-39 采集土壤样本

气候对微灌施肥效果的影响，气候因素直接和间接地都影响微灌施肥的效果，所以，应根据当地气候条件因地制宜安排灌溉施肥周期、灌溉水量、基肥与加肥数量比例等。在北方保护地蔬菜越冬栽培中，作物苗期和花期气温低，不宜灌溉施肥，必须适当增加基肥施用比例，以保证作物前期生长的需要。在光照不足、土壤蒸发与植物蒸腾量很小时，作物长势弱，灌溉施肥的次数减少，同时，水和肥的利用率也低，在丰水年，自然降水量多，灌溉次数减少，甚至不需要人为灌溉，果树所需要的肥料无法通过系统进入土壤，在必须施肥的情况下，施肥就成为灌溉的唯一目的，水的利用率必然降低。在干旱年份，需要增加灌溉频率与灌溉水量（图5-40）。

图5-40 微灌试验棚室

第六章　近年节水实用技术介绍

推广节水灌溉技术要根据每个地块的情况、限制因素、种植作物等，再通过整合推广工作中农民反映的问题，因地制宜，按需优化，采用简便易懂、配合生产的原则推广节水实用技术，解决农民实际所需。近年来，北京市大兴区农业节水灌溉技术主要包括滴灌、微喷和覆膜沟灌。

第一节　滴灌施肥技术

一、滴灌施肥技术

（一）技术简介

滴灌是滴水灌溉技术，它是将具有一定压力的水，由滴灌管道系统输送到毛管，然后通过安装在毛管上的滴头、滴管带等灌水器，将水以水滴的方式均匀而缓慢地滴入土壤，以满足作物生长需要的灌溉技术，它是一种局部灌水技术。滴灌系统是由首部枢纽（水泵、过滤器、肥料罐等）、管道系统（主管、支管和毛管）及滴头三部分组成，水源通过水泵加压、过滤器过滤，需要时再在肥料罐中掺入可溶性肥料，经过管道系统输入田间（图6-1）。

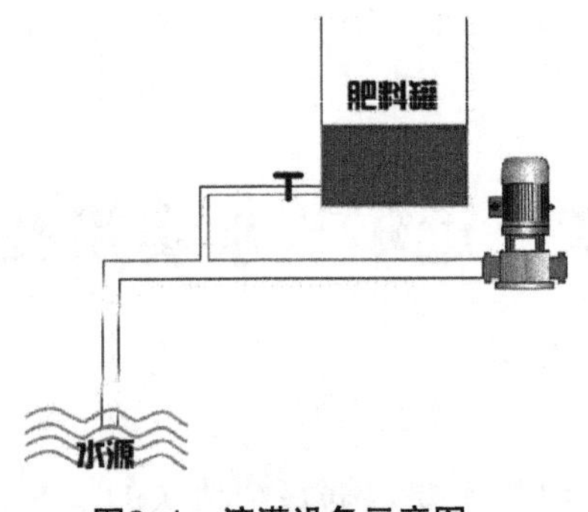

图6-1 滴灌设备示意图

（二）技术特点

膜下滴灌施肥技术是将地膜覆盖栽培技术与滴灌施肥技术结合起来的一项水肥一体化技术，即将滴灌带（管）铺于地膜之下，同时配合嫁接管道输水等其他先进技术，构成膜下滴灌系统。利用滴灌施肥的节水节肥作用，配合地膜覆盖的增温保墒作用，达到节水、节肥、高产、优质、增效的目的（图6-2）。

图6-2 膜下滴灌

（三）系统组成

一套完整的滴灌系统主要由水源工程、首部枢纽、输配水管网和滴水器四部分组成。

1. 水源工程

江河、湖泊、水库、井泉水、坑塘、沟渠等均可作为滴灌水源，但其水质需符合滴灌要求。

2. 首部枢纽

包括水泵、动力机、压力需水容器、过滤器、肥液注入装置、测量控制仪表率等。首部枢纽是整个微灌系统操作控制的中心，以投资低、便于管理为原则进行建设。一般首部枢纽与水源工程相结合，如果水源距灌区较远，首部枢纽可布置在灌区旁边，有条件时尽可能布置在灌区中心，以减少输水干管的长度。首部装置的作用是对滴灌系统提供恒定、洁净满足滴灌要求的水。除自压系统外，首部枢组是微系统的动力和流量源。

（1）过滤器。它是滴灌设备的关键部件之一，其作用是使整个系统特别是滴头不被堵塞。过滤器主要有离心式过滤器、沙石过滤器、筛网过滤器、叠片式过滤器等，这几种过滤器都具有一定的清洗功能（图6-3、图6-4）。

图6-3 离心过滤器

图6-4 碟片过滤器

（2）施肥装置。该装置安装在过滤器前，防止未溶解的肥料颗粒堵塞滴头。其原理是借助压力差通过肥料罐的出水口，将化肥溶液均匀地注入干管的灌溉水中。根据其向管道内注入溶液的方式可分为压差式、泵注入式和文丘里3种。施肥装置与过滤器的装配。在滴灌过程中肥料在罐中溶解后进入管道，通过两个调节阀来控制完成整个施肥过程。

3. 滴灌输配水管网系统

管网中的管材、管件应尽可能选用塑料制品，以避免金属管产生的锈蚀杂屑堵塞滴灌管。输配水管道是将首部枢纽处理过的水按照要求输送、分配到每个灌水单元和灌水器的。输配水管网包括干管、支管和毛管3级管道和相应的三通、直通、弯头、阀门等部件。管网设计应进行必要的水力计算，以选择最佳管径和长度，力求做到管道铺设最短、压力分配合理、灌水均匀和方便管理（图6-5）。

图6-5　输配水管网

4. 滴水器

它是滴灌系统的核心部件，水由毛管流进滴头，滴头再将灌溉水流在一定的工作压力下注入土壤。水通过滴水器，以一个恒定的低流量滴出或渗出后，并在土壤中向四周扩散，在实际应用中，滴水器主要有滴灌管和滴灌带两大类。滴灌管或滴灌带式滴水器是由滴头与毛管组合为一体，兼具配水和滴水功能的管（或带）称为滴灌管（或滴灌带）（图6-6）。

图6-6　滴灌系统的滴灌管

（四）应用实例：实践水肥管理新技术，喜获节水增收新成效

陈师傅是北京市大兴区庞各庄镇的农田节水示范户，在专家和技术指导员的指导下，他积极参与，在西瓜和蔬菜种植上认真实践水肥管理新技术，取得了节水节本增收的良好效果，同时充分发挥了示范户的辐射带动作用。

入选为示范户后，陈师傅共参加农业节水技术培训15次，并认真学习相关的技术资料和手册，透彻理解和掌握了主推技术。在专家和技术指导员指导下，在西瓜和蔬菜生产中应用5项农艺节水技术：有机培肥保墒、地膜覆盖、膜下滴灌、滴灌专用肥、水肥一体化以及量化指标控灌溉等技术。

陈师傅在应用节水技术中，遇到难题不畏辛苦，通过认真落实，他家当年种植的大棚西瓜和番茄不但用水量降下来了，产量也得到明显提高。西瓜亩节水92.3立方米，产量由上年的3 920千克增长到4 145千克，增产225千克；番茄亩节水99.6立方米，同时产量由上年的4 200千克增加到4 850千克，亩增产650千克。此外，每亩节省化肥、农药、人工等生产成本75元。总节水1 105立方米，总增加经济效益10 710元。

二、重力滴灌施肥技术

（一）技术简介

重力滴灌是依靠水与滴灌管路的高度落差形成的压力进行灌溉的低压灌溉系统，高度落差由设施中架高的储水容器产生。如将可溶性肥料溶于储水容器中则可实现水肥一体，即重力滴灌施肥（图6-7、图6-8）。

图6-7 棚室内重力滴灌

图6-8 棚室外重力滴灌

（二）技术特点

设施果类蔬菜应用滴灌施肥可实现节水、节肥、省工、增产和提质，在统一管理的园区应用效果良好，但在分散的“一户一棚”式果类蔬菜生产中使用效果欠佳，主要原因如下。

（1）首部缺乏维护保养。滴灌施肥系统首部变频系统、过滤系统等需要专业维护，在分散农户中不易实现。

（2）集中供水与分户用水矛盾突出。由于缺乏统一用水管理，常发生水压不适、排队浇水和水费纠纷等问题。鉴于以上情况，笔者结合本区农田灌溉实际，在没有安装过滴灌的村稳中求变，开展适宜本地区“一家一户”水肥一体化技术模式。

重力滴灌施肥通过为“一户一棚”配备“一棚一桶”来保证水源供应，无须复杂的首部系统，可有效解决集中供水与分户用水的矛盾，是分散农户高效利用滴灌施肥技术的可行途径。对于设施蔬菜仍以“一户一棚”式的种植模式，规避滴灌施肥弊端，能够解决集中供水与分户用水的矛盾，充分发挥滴灌施肥技术的优势，应用前景十分广阔。

（三）系统组成

针对本区典型蔬菜栽培设施，本套技术包括：储水容器的选型、滴灌管路和灌水器的选型、重力滴灌系统布置方式和重力滴灌施肥下的灌溉施肥制度。

1. 储水容器

通过对比水泥蓄水池、塑料储水桶、铁皮储水桶、防水布储水软袋等，初步筛选出聚乙烯塑料桶和铁皮桶作为重力滴灌储水容器。容器配备铁支架后可方便地在设施内或设施间移动。50米×8米温室配套2立方米储水容器即可（图6-9）。

2. 滴灌管路和灌水器

选择较粗的支管（直径40毫米以上）和低流量的灌水器都有利于提高重力滴灌的灌溉施肥均匀度，但需注意低流量灌水器更容易发生堵塞，水质差的地区应慎用。

3. 重力滴灌施肥系统的布置方式

重力滴灌下水压仅为常规滴灌的1/10，为避免灌溉施肥不均，应尽量缩短水的输送距离，并提升储水容器的高度。实际操作中应将储水容器尽量布置在设施中部，底部至少高出滴灌管路1.2米（图6-10）。

图6-9 储水容器

图6-10 重力滴灌系统

4. 重力滴灌施肥下的灌溉施肥技术

利用张力计确定灌溉起点（一般蔬菜为-30～-25卡帕），50米×8米温室每次灌水2～3桶（4～6立方米），蔬菜商品器官快速生长期每次灌溉均随水施用水溶性肥料，肥料纯养分浓度0.4～0.7克/升（图6-11、图6-12）。

图6-11　张力计

图6-12　重力滴灌系统

（四）应用实例：重力滴灌施肥技术应用注意事项

（1）防止储水容器下陷。容器装满水后较重，为避免容器下陷，可在支架底部垫木板或砖块。

（2）定期清洗过滤器。重力滴灌专用PE塑料桶出水口处配有网式过滤器，要根据水质情况定期拆下清洗。

（3）保持储水容器清洁。重力滴灌专用PE塑料桶底部装有排污阀，应根据当地水质情况定期打开清洗。塑料桶顶部盖子平时应盖紧，避免杂物落入。

重力滴灌是依靠水与滴灌管路的高度落差形成的压力进行灌溉的低压灌溉系统，高度落差由设施中架高的储水容器产生。如将可溶性肥料溶于储水容器中则可实现水肥一体，即重力滴灌施肥。

示范作物包括西瓜、番茄、黄瓜、丝瓜等。示范结果表明，重力滴灌施肥较沟灌施肥节水95～145立方米/亩，节肥8～20千克/亩，节本增收340～570元/亩。

三、助力滴灌施肥技术

（一）技术简介

农户自行在棚室内或棚室外设置蓄水装置，首部加设安装一个1.5寸（1寸≈3.33厘米，全书同），扬程20米的抽水泵，抽水泵前端与主管路连接，另一端通过PVC管与储水罐连接设为回水装置，把不同压力分流出来的水重新输送到储水罐中。通过改进原有的滴灌系统，可以缓解高峰时段用水紧张的问题，并且加大了储水罐的输送力度，缓解输送压力不足、出水不均的问题，从而弥补了滴灌推广中出现的问题（图6-13至图6-15）。

图6-13 助力滴灌茄子生长势

图6-14 助力滴灌系统

图6-15 助力滴灌蓄水池

（二）技术特点

滴灌技术是大兴区首推的节水灌溉方式，具有节水、节肥、省工的优点。但是在推广进行中，中小散户在应用过程中存在的问题也开始不断显现。首先，使用滴灌需要安装变频，而一个变频动辄上万的价格，对于一般农户很难接受，只能依靠政策资金的扶持；其次，滴灌灌溉时间普遍在一个小时以上，而一个灌溉水井需要多个农户共同使用，在灌溉高峰期则易引起纠纷；另外，滴灌对使用的水溶肥筛选更为严苛，需要水溶性能好，否则会对滴头造成堵塞，滴灌设备则无法使用。这都成为限制滴灌推广的主要因素。为解决以上问题，大兴区农业技术推广站节水技术人员推出了助力滴灌。

（三）系统组成

助力滴灌是在重力滴灌系统的首部安装1.5寸、扬程20米的抽水泵，抽水泵前端与主管路连接，另一端通过PVC管与储水罐连接设为回水装置，把不同压力分流出来的水重新输送到储水罐中。

（四）应用实例：助力滴灌+“一井双泵”施肥技术模式

老张师傅是大兴区礼贤镇村民，种植作物以茄子为主，灌溉方式为传统沟灌。传统沟灌的弊端首先造成水资源及肥料的浪费，其次增加棚内湿度，容易发生病害，最后由于作业沟存水至少2天不能进行田间农事操作。这种灌溉方式整地作畦采用小高畦，地下水通过水泵抽取到地上，经过水渠直接浇灌作业沟，沟灌方式在灌溉过程中通过地下渗漏和地表蒸发输水造成水资源严重浪费，水资源利用率低。

为了提高水资源利用率，推广水肥一体化技术，技术人员经过现场勘查得知老张师傅的冷棚南北棚长60米，东西棚宽10米，滴灌首部设计安装在棚南，如果在冷棚内采用重力滴灌模式，考虑滴灌支管路较长可能会出现滴灌管始端与末端出水不均、重力滴灌提供的水压不足等问题，于是决定在重力设备基础上安装一台抽水泵，即助力滴灌，帮助重力滴灌加大储水罐的输送力度，缓解输送压力不足、出水不均的问题，从而实现了水肥一体化技术。助力滴灌是在重力滴灌系统的首部安装1.5寸、扬程20米的抽水泵，抽水泵前端与主管路连接，一端通过PVC管与储水罐连接设为回水装置，把不同压力分流出来的水重新输送到储水罐中。

在使用助力滴灌的同时也发现了新问题，5—6月是村里的用水高峰期，这个时间正值村里小麦拔节期和灌浆期，需浇拔节水、灌浆水，会出现了用水排队现象。针对这一现象，我们在原来村里的井内水泵的下方又放置一台扬程60米的小水泵，这个小水泵距原来的水泵3～5米，它可以独立工作，单独使用，不妨碍其他农户正常灌溉，从而解决了农忙时农户灌溉不及时、灌溉较多排队等现象，实现了“一井双泵”。

采用助力滴灌+“一井双泵”施肥技术模式给张师傅带来很多方便，不再像原来灌溉时，需要两个人，一人忙看水渠，一人忙着拉闸，现在他可以一个人来完成，同时还能进行其他农事操作，节省了人工。冷棚茄子采用助力滴灌施肥技术后全生育期用水144立方米，相比较以往传统沟灌亩灌水量400立方米，节水64%，节约用水256立方米，每亩节省化肥、农药、人工等生产成本530元，亩增产180千克，达到了增产增收的目的。

第二节　微喷灌溉施肥技术

一、技术简介

微喷灌溉施肥是采用薄壁多孔式微喷带，借助施肥装置将肥水混合液输送到田间，并由微小的出水口将肥水混合液喷洒到作物附近土壤的灌溉施肥技术。膜下微喷技术是在作物畦上铺设直径2.5～3厘米打有细微小孔的塑料管网，畦上覆盖地膜，作物定植于膜上。喷水带覆盖地膜后类似滴灌湿润作物，除具备传统滴灌的省水、省肥、省人工等优点外，还具有灌水均匀、不伤害作物、保持土壤性状等优势。通过在首部改进加装施肥桶、施肥泵和便携式移动电源，轻松便捷的实现水肥一体化。成为近几年北京市大兴区主推且使用较好的一家一户微喷灌溉系统，在西瓜及果菜种植上应用广泛并申请了实用新型技术专利（图6-16）。

图6-16　微喷灌溉系统

二、技术特点

与现有传统微喷带技术比较，本实用新型技术具有以下优点。

（1）利用农田普遍存在的传统机井及管路应用微喷带水肥一体化技术。

（2）农业棚室内无须建立蓄水池及接通220伏特电压，微喷带应用的苛刻基础限制被解决。

（3）灌溉操作省时省力，首部及蓄电池施肥设备拆卸方便移动灵活，防盗效果好。

（4）结构简单，原理易懂，无须专业知识，方便农户使用。

（5）灌溉施肥效果好，实现水肥一体化，油菜应用后节水40%，增效4.9%。近年来，在喷灌和滴灌的基础上，又出现了抗堵塞性能好且流量比滴灌大的微喷带，即将压力水通过输水管送到田间，通过微喷带上的小孔实施喷洒灌溉，且造价低廉，大大降低了投入成本（图6-17）。

带式微喷施肥技术适用于植株较矮、种植密度较高的撒播叶类蔬菜或食用菌，如豆苗、芫荽和香菇等。撒播叶类蔬菜采用带式微喷施肥技术，单条微喷带的灌溉面积大，在田间的位置容易调整，相对于滴灌更容易保证灌溉施肥均匀度（图6-18）。

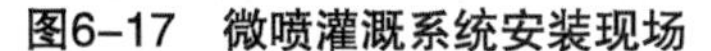
图6-17 微喷灌溉系统安装现场

图6-18 食用菌微喷灌溉系统

食用菌采用带式微喷技术，可以解决传统方法由于水压较大和喷水不均对菌蕾造成的伤害，同时大幅降低灌溉的劳动强度。叶菜应用微喷灌溉技术，比常规沟灌节约用水50%，节省肥料30%左右，节省50%的灌溉时间。并且微喷灌溉具有缓苗快、长势整齐、提前3～5天上市等优点。露地甘蓝、大白菜采用带式微喷施肥技术，苗期每5～6天喷1次水，每次喷水量为10～12立方米/亩，随水施肥（$N:P_2O_5:K_2O=20:20:20$）5～6千克/亩，莲座、结球期3～4天喷1次水，并随水施肥，每次喷水量10～13立方米/亩，随水施用水溶性肥料（$N:P_2O_5:K_2O=19:8:27$）10～12千克/亩。豆苗采用带式微喷施肥技术，一般日光温室于11月底播种，春节前上市，5月底拉秧。大棚于2月上中旬条播。播前底施精制有机肥1 000千克/亩，复合肥（25：5：10）30千克/亩，3月初出苗，10天微喷灌水1次，每次灌水5立方米/亩，施水溶性肥料（$N:P_2O_5:K_2O=20:20:20$）5千克/亩，4月上中旬开始采收，7～9天采收割1次豆苗尖，每采收1次豆苗，微喷施肥1次，每次喷水3～5立方米/亩，喷施水溶性肥料（$N:P_2O_5:K_2O=9:18:27$）3～5千克/亩，可采收8～10茬，总产480～500千克/亩。

三、系统组成

带式微喷施肥系统由薄壁多孔式微喷带和首部过滤及施肥装置组成。生产中应选用出水口小且分布均匀的微喷带，这样雾化效果好，灌溉更均匀。施肥装置可以选择压差式施肥罐或文丘里式施肥器。需注意不同类型的微喷带对水压的要求不同，首部施肥器通常会造成一定的压力损失，如果不能达到微喷带额定工作压力，需在首部配备加压泵以提高灌溉水压力。根据地块的长度选择适宜长度的微喷带，超过地块长度的部分可以用夹子夹住以避免出水。微喷带的喷幅都在4米以上，质量好的可以达到10米以上，喷幅越大，田间需要的微喷带条数越少，生产中还可采取逐片灌溉的方式，通过在田间移动微喷带扩大灌溉面积（图6-19）。

图6-19　微喷带灌溉系统

第三节　覆膜沟灌施肥技术

一、技术简介

覆膜沟灌施肥包括膜上沟灌施肥（适宜偏沙质土壤）、膜下沟灌施肥（适宜于偏黏质土壤）。膜上沟灌施肥是将地膜平铺于畦中或沟中，畦、沟全部被地膜覆盖，利用施肥装置及输水管路在地膜上输送肥水混合液，并通过作物的放苗孔和灌水孔入渗到作物根部的灌溉施肥技术。膜下沟灌施肥是将地膜覆盖在灌水沟上，利用施肥装置及输水管路将肥水混合液从膜下灌水沟中输送到作物根系附近的灌溉施肥技术。覆盖地膜后，土壤表面蒸发的水汽在膜上凝结，再次滴入土壤中，形成了小范围的水分循环，大大降低了土面蒸发。同时地膜可以有效反射地面长波辐射，起到保温作用，更有利于地温的提升。在膜上沟灌中，灌溉水通过地膜流入作物根系附近，大幅降低了输水过程中的无效渗漏，提高了灌溉水利用效率（图6–20）。

图6–20 覆膜沟灌技术

二、技术特点

覆膜沟灌技术投资小，简单易行，可节水20%～30%，减少肥料的淋洗，且降低设施内湿度，减少病虫害的发生。该技术适用于小高畦宽窄行种植作物，可以有效提高作物的产量和品质。

三、系统组成

采用线性低密度聚乙烯塑料软管（LLDPE塑料软管），选择ϕ100（充水后直径为100毫米）的软管作为主管路，主管路上正对每个灌水沟处配一长30～50厘米的ϕ50支管。支管伸至灌水沟的膜下（膜下沟灌）或置于灌水沟的膜上（膜上沟灌）。灌水时可以同时打开4～5个支管，灌完1沟后将其对应的支管折叠即不再出水。该输水管路可以方便地将水输送至每一灌水沟，还可通过调整支管的位置适应不同的株行距。

为在覆膜沟灌条件下实现水肥一体化，可将施肥装置与输水管路进行组装，通过在输水管路的首部安装文丘里施肥器或压差式施肥罐，将肥料溶于灌溉水中，并随灌溉施入蔬菜根系附近。

四、应用实例："M"畦+"小白龙"水肥一体化技术模式

大兴区西瓜、蔬菜全部采用地下水灌溉，滴灌水肥一体化虽然是节水灌溉的首选，但在大兴区应用面积不足10%，剩下的90%都采用传统灌溉方法。即通过水泵抽取到地上后，通过土砌水渠将水引到种植作物行间进行灌溉，这种传统灌溉方法通过地下渗漏和地面蒸发蒸腾在输水过程中造成水资源严重浪费。

技术人员针对目前农村灌溉现状，为减少农户灌溉在输水过程中水资源浪费现象，经过前期周密的调研和材料筛选及规格的选择等一系列工作，自行设计"M"畦+"小白龙"水肥一体化技术模式，并开展试验示范、技术培训等相关工作，在大兴区率先应用起来。

"M"畦+"小白龙"水肥一体化技术模式，"小白龙"即塑料PE软管，农民俗称"小白龙"或"皮龙"；"M"畦膜下暗灌即整地时将畦面做成字母"M"的形状，灌溉时浇"M"沟中间的小沟。经过比较筛选采用直径为18厘米的PE白色软管代替土砌水渠，将水源引到作物种植行旁，再利用直径为6.5厘米的水龙带引流到"M"沟内，两种不同规格的"小白龙"通过黑色塑料对丝连接，通过对丝连接能保证接口不漏水，又能做到直接将水送到作物行间。灌溉的同时棚边再配备塑料施肥桶，并将施肥桶与直径18厘米的水龙带连接，即实现水肥一体化。采用"M"畦+"小白龙"水肥一体化技术模式成功在礼贤、魏善庄、庞各庄、采育、青云店等镇开展试验示范300余亩。以大棚番茄为例，采用"M"畦+"小白龙"水肥一体化技术模式后全生育期用水185立方米，传统灌溉全生育期亩灌水量340立方米，共节水155立方米，亩节省化肥、农药、人工等生产成本275元，亩增产274千克，市场价格平均1.2元/千克，共计节本增收683.8元（图6-21、图6-22）。

图6-21 “M”畦作畦方式

图6-22 “小白龙”灌溉方式

第四节 膜面集雨重力滴灌施肥技术

一、技术简介

膜面集雨重力滴灌施肥技术是利用集雨设施收集降落在温室、大棚膜面的降水，通过汇流设施汇入集雨窖储存，在作物需要时利用提水设施和输水管路将雨水输送至设施内的储水容器，并将水溶性肥料加入容器中形成肥水混合液沿滴灌管路输送至作物根系附近的技术。

二、技术特点

雨洪水经由温室、大棚膜面汇入集流槽中，经沉淀池沉淀和过滤去除杂物后汇入集雨窖存蓄雨水，作物需要时利用提水设施通过微灌施肥系统进行灌溉实现雨水的充分蓄集和高效利用。冬天可以将集雨窖中的雨水输送到温室中的蓄水池，经一段时间恒温后进行重力微灌施肥。正在或即将建设的保护地配备该技术，可避免因水资源短缺而造成设施投入的浪费；在没有水浇条件而蔬菜生产基础较好的地区，可以新建保护地进行蔬菜生产，促进种植业结构的调整；雨水呈弱酸性，在京郊呈碱性的土壤中灌溉，能够激活土壤中的诸多养分元素，提高作物的产量和品质。同时，该技术模式还可以解决分散农户用水时由于缺乏管理协调导致的水压不适、水费纠纷和排队用水等问题（图6-23）。

图6-23　膜面集雨技术

三、系统结构

膜面集雨重力滴灌施肥系统由膜面集雨系统和重力滴灌施肥系统组合而成（图6-24）。

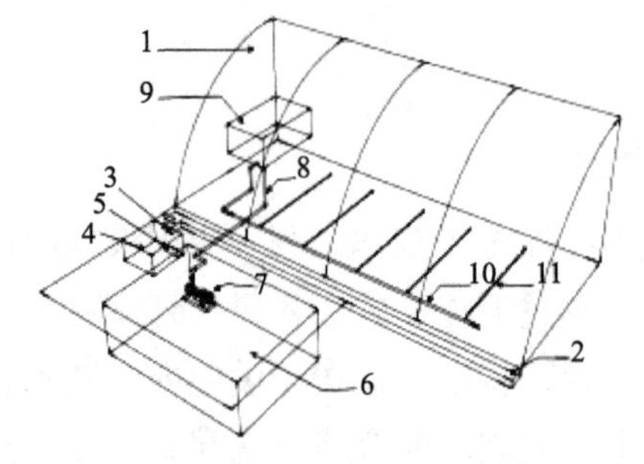

膜面集雨系统：1.温室膜面；2.集流槽；3.栅格；4.洒泄池；5.过滤网；6.集雨窖；7.潜水泵

重力滴灌施肥系统：8.集雨窖与储水容器连接管；9.重力滴灌储水容器；10.配水支管；11.滴灌管路

图6-24　膜面集雨重力滴灌施肥技术模式

对于京郊常见的日光温室（50米长，8米宽），各部分具体参数如下：集流槽长50米、宽24厘米；栅格为孔径5厘米×5厘米的铁制筛网；沉淀池长100厘米、宽40厘米、深50厘米，沉淀池进水口为24厘米×24厘米的明渠，出水口为直径30厘米的水泥管；过滤网为孔径3厘米的梅花状孔铁制拦污网；沉淀池与集雨窖的连接管为直径30

厘米的水泥管，长1米；集雨窖一般为长方体，容积50～70立方米，集雨窖上应覆盖50厘米土层，窖底部有一定的坡度，同时建造一个凹陷的潜水泵位；集雨窖与储水容器的连接管可采用硬聚氯乙烯（UPVC）塑料管；重力滴灌储水容器可以采用塑料桶或者水泥池，容积2立方米，在一侧开口以便加入水溶性肥料，储水容器最好放置于温室中部，有利于提高灌溉施肥的均匀度；最好选用直径ϕ50毫米以上的支管，以减少水头的沿程损失，提高灌溉施肥均匀度。

四、技术流程

雨水经过温室膜面汇流，沿集流槽经栅格拦截较大的枯枝落叶后，进入沉淀池，较大的无机颗粒在重力作用下沉入池底，沉淀池定期清掏；雨水经沉淀后经过滤网通过连接管进入集雨窖，利用潜水泵抽取集雨窖内雨水经集雨窖与重力滴灌储水容器的连接管进入重力滴灌储水容器，同时在储水容器中加入水溶性肥料实现水肥一体，然后经配水支管、滴灌管对作物进行滴灌施肥。

当标准温室（50米长，8米宽）对应的集雨窖容积为90立方米以上时，可基本实现温室蔬菜生产零用地下水目标（替代地下水比例达近90%）。生产中考虑投入成本，一般采用50立方米或70立方米集雨窖，对于用水量较大的种植模式（番茄—黄瓜）可以替代地下水70%或80%，对于西瓜—番茄、黄瓜—生菜、草莓一大茬的种植模式，可实现替代地下水80%～90%，综合效益较好。

膜面集雨重力滴灌施肥下主要蔬菜的灌溉施肥制度可参考滴灌施肥下的灌溉施肥制度，考虑重力滴灌储水容器的容积有限，可适当增加灌溉施肥的频率，减少每次灌溉施肥量（图6-25）。

图6-25 膜面集雨技术

第七章　不同作物节水技术应用实例

第一节　西　瓜

西瓜水肥需求规律：西瓜苗期适宜土壤湿度为田间最大持水量的70%～85%。当土壤含水量大于85%时，苗床空气湿度会相应增加，不仅造成幼苗徒长，还会增加苗期猝倒病等病害的发生。伸蔓期植株生长加快需水量增加，此期间为控制营养生长，促进根系生长，不宜大量浇水，采用小水缓浇，以浸润根部土壤为宜，浇水最好在上午进行。施肥应依据植株长势，以既促使茎叶快速生长又不引起植株徒长过旺为原则。西瓜膨大期植株需水量最大，在幼瓜膨大阶段，即当80%以上的幼瓜长到鸡蛋大小时，要浇膨瓜水，以后要保持土壤湿润，但不要水肥过大，水肥过大会导致裂瓜，能满足膨瓜阶段果实对水的需求即可。西瓜果实成熟期水肥管理要点是采前1周为保证西瓜品质，停止浇水施肥（图7-1）。

图7-1　西瓜水肥一体化

一、西瓜滴灌施肥技术

（一）滴灌带铺设方式

底施腐熟有机肥3～5立方米/亩，复合肥（总养分40%～50%）50千克/亩，深翻土壤，整平后按大小行作小高畦，畦宽40～60厘米，高15厘米；沟宽70～80厘米，平均行距60～70厘米。每个高畦上铺滴灌管，定植两行，株距30～35厘米。

建议每畦铺设两条滴灌管（带），滴头朝上，滴头间距一般30厘米。如果使用旧滴灌管（带）一定要检查其漏水和堵塞情况。施肥装置一般为压差式施肥罐或文丘里施肥器，施肥罐容积一般不低于13升（图7-2）。

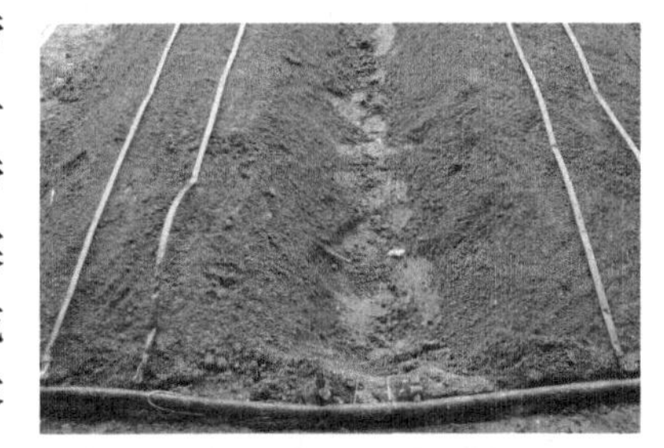

图7-2 滴灌带铺设方式

（二）滴灌灌溉施肥量

滴灌施肥必须坚持少量多次的原则。定植后及时滴灌一次透水，一般灌水20～25立方米/亩；根据苗情和墒情，在伸蔓期浇一次水，灌水8～10立方米/亩；果实膨大初期滴灌1次，灌水6～12立方米/亩，果实膨大后期灌水1次，灌水10～12立方米/亩。成熟期视墒情，少量灌溉。从果实膨大期开始，每次结合滴灌加肥4～6千克/亩。

建议滴灌肥料养分含量50%～60%，含有适量中微量元素，N：P_2O_5：K_2O比例前期约为1.2：0.7：1.1，中期约为1.1：0.5：1.4，后期约为1.0：0.3：1.7。

根据滴灌肥料养分含量高低，适当增减每次加肥量。每次加肥时须控制好肥液浓度，一般在1立方米水中加入0.6～0.9千克肥料。

（三）滴灌肥料使用要求

1. 肥料要求

常温下能够溶解于灌溉水；与其他肥料混合不产生沉淀；不会引起灌溉水酸碱度的剧烈变化；对滴灌系统腐蚀性较小。

2. 常用肥料

一般分为自制肥和专用肥。自制肥是指选用溶解性好的单质肥料或复合肥料临时配制的滴灌肥，原料一般选用尿素、磷酸二氢钾、硝酸钾等。由于自制肥的各元素（尤其是微量元素）间有一定的拮抗反应，可能产生沉淀而堵塞滴灌系统，建议使用滴灌专用肥。

3. 肥料溶解

按照滴灌施肥的要求，先将肥料溶解于水，然后将过滤后的肥液倒入施肥罐中（采用压差式施肥法时），或倒入敞开的塑料桶中（采用文丘里施肥法时）。

滴灌加肥一般在灌水20～30分钟后进行。

（1）压差式施肥法。施肥罐与主管上的调压阀并联，施肥罐的进水管要达罐底。施肥时，拧紧罐盖，打开罐的进水阀，罐注满水后再打开罐的出水阀，调节压差以保持施肥速度正常。加肥时间一般控制在40～60分钟，防止施肥不均或不足。

（2）文丘里施肥法。文丘里施肥器与主管上的阀门并联，将事先溶解好的肥液倒入一敞开的容器中，将文丘里器的吸头放入肥液中，吸头应有过滤网，吸头不要放在容器的底部。打开吸管上阀门并调节主管上的阀门，使吸管能够均匀稳定地吸取肥液（图7–3）。

（四）系统维护

图7-3 清洗叠片过滤器

每次施肥结束后继续滴灌20～30分钟，以冲洗管道。滴灌施肥系统运行一个生长季后，应打开过滤器下部的排污阀放污，清洗过滤网。施肥罐底部的残渣要经常清理，每3次滴灌施肥后，将每条滴灌管（带）末端打开进行冲洗。

二、西瓜微喷施肥技术

（一）微喷带铺设方式

底施腐熟有机肥3～5立方米/亩，复合肥（总养分40%～50%）50千克/亩，深翻土壤，整平后按大小行作小高畦，畦宽60厘米，高15厘米；沟宽60～70厘米，平均行距60～70厘米。每个高畦上铺微喷带，定植两行，株距30～35厘米。

图7-4 微喷带铺带方式

建议每畦铺设两条微喷带，孔眼朝上，孔距一般斜3孔或斜5孔，折径4.5厘米。如果使用旧微喷带一定要检查其有无损坏。施肥装置一般为移动便携式施肥系统（图7-4）。

（二）微喷灌溉施肥量

微喷灌溉施肥遵循少量多次的原则。定植后及时微喷灌溉一次透水，一般灌水20～25立方米/亩；根据苗情和墒情，在伸蔓期浇一次水，灌水10～12立方米/亩；果实膨大初期滴灌1次，灌水

12～15立方米/亩，果实膨大后期灌水1次，灌水12～15立方米/亩。成熟期视墒情，少量灌溉。从果实膨大期开始，每次结合微喷加肥6～8千克/亩。

建议微喷灌溉肥料养分含量50%～60%，含有适量中微量元素，N：P_2O_5：K_2O比例前期约为1.2：0.7：1.1，中期约为1.1：0.5：1.4，后期约为1.0：0.3：1.7。

根据微喷灌溉肥料养分含量高低，适当增减每次加肥量。每次加肥时须控制好肥液浓度，一般在1立方米水中加入1千克肥料。

（三）微喷肥料使用要求

1. 肥料要求

常温下能够溶解于灌溉水；与其他肥料混合不产生沉淀。

2. 常用肥料

一般分为自制肥和专用肥。自制肥是指选用溶解性好的单质肥料或复合肥料临时配制的微喷灌肥，原料一般选用尿素、磷酸二氢钾、硝酸钾等。由于自制肥的各元素（尤其是微量元素）间有一定的拮抗反应，可能产生沉淀而堵塞微喷系统，建议使用全溶性水溶肥。

3. 肥料溶解

按照微喷施肥的要求，先将肥料溶解于敞开的施肥塑料桶中。微喷加肥一般在灌水10～15分钟后进行（图7-5）。

图7-5　微喷溶肥桶

（四）系统维护

每次施肥结束后继续灌溉10～15分钟，以冲洗微喷带。微喷带运行一个生长季后，应将每条微喷带末端打开进行冲洗。

三、西瓜覆膜沟灌施肥技术

（一）整地作畦方式

没有条件安装滴灌的地块，采用瓦垄畦膜下暗灌技术。底施腐熟有机肥3～5立方米/亩，复合肥（总养分40%～50%）50千克/亩，深翻土壤，整平后按大小行作小高畦，畦宽60厘米，高15厘米；整地时，做成畦面宽度50厘米左右的小高畦，再在畦上开宽30厘米左右、深20厘米左右的灌水沟，将地膜覆盖在灌水沟（每个灌水沟用3根旧铁丝或竹竿将地膜撑起）上，浇水时，将水直接浇至薄膜下面。

膜上灌水技术适合各种地膜栽培作物。即利用地膜在田间灌水，水在地膜上流动的过程中通过放苗孔或膜缝慢慢地渗到作物根部，进行局部浸润灌溉，以满足作物需水要求（图7-6、图7-7）。

图7-6 膜下沟灌

图7-7 膜上沟灌

（二）覆膜沟灌灌溉施肥量

定植后灌溉1次透水，一般灌水20～25立方米/亩；根据苗情和墒情，在伸蔓期浇1次水，灌水15～20立方米/亩；果实膨大初期灌溉1次，灌水15～20立方米/亩，果实膨大后期灌水1次，灌水15～20

立方米/亩。成熟期视墒情，少量灌溉。从果实膨大期开始，每次随水追施肥料10～15千克/亩。

建议使用灌溉肥料养分含量50%～60%，含有适量中微量元素，N：P_2O_5：K_2O比例前期约为1.2：0.7：1.1，中期约为1.1：0.5：1.4，后期约为1.0：0.3：1.7。

根据肥料养分含量高低，适当增减每次加肥量。每次加肥时须控制好肥液浓度，一般在1立方米水中加入1千克肥料（图7-8）。

图7-8 覆膜沟灌浇水施肥

（三）覆膜沟灌肥料使用要求

1. 肥料要求

常温下能够溶解于灌溉水；与其他肥料混合不产生沉淀。

2. 常用肥料

一般分为自制肥和专用肥。自制肥是指选用溶解性好的单质肥料，原料一般选用尿素、磷酸二氢钾、硝酸钾等。

3. 肥料溶解

按照施肥的要求，先将肥料溶解于敞开的施肥塑料桶中，随水流缓慢流入。

第二节 甜 瓜

甜瓜水肥需求规律。甜瓜根系比西瓜弱，根毛吸收的水分较少。甜瓜叶片无深裂，同样大小的叶片，甜瓜比西瓜的蒸腾面积要大，所以甜瓜比西瓜要求更充足的水分供应。甜瓜一生中的各个生长发育阶段对水分的要求不一样，幼苗期需水量少，可以不灌或少灌水，伸蔓至开花期和开花至坐瓜期需大量水分，果实发育期对水分的需要逐渐减少，到成熟采收前停止灌水。如土壤过湿，水分过多，对甜瓜生长也很不利，通常要求的土壤水分含量是0～30厘米土层的水分保持在田间最大持水量的70%。如果超过这个持水量，灌水量过大或次数过多时，会沤坏根系，如土壤过湿，甜瓜根毛会在两昼夜内死亡。

甜瓜对养分吸收以幼苗期吸收最少，开花后氮、磷、钾吸收量逐渐增加。氮、钾吸收高峰在坐果后16～17天（网纹甜瓜在网纹开始发生期），坐果后26～27天（网纹甜瓜在网纹发生终止期）就急剧下降；磷、钙吸收高峰在坐果后26～27天，并延续至果实成熟。开花到果实膨大末期的1个月左右时间内，是甜瓜吸收矿质养分最多的时期，也是肥料的最大效率期。虽然因甜瓜的类型、品种不同，吸收高峰的出现有迟有早，但对各元素的吸收规律是一致的（图7-9）。

图7-9 甜瓜水肥一体化

一、甜瓜滴灌施肥技术

为满足甜瓜生产和结果需要，应勤施追肥。幼苗期一般在5～6片真叶时摘心后追施，以氮为主适当配施磷、钾肥，一般每亩施腐熟豆饼或油渣100千克，或复混肥15千克，环施于离根10～15厘米处，盖土后浇水，促使茎叶旺盛生长。坐果后施第二次追肥，一般每亩施尿素和硫酸钾各10千克，或复混肥20千克，可在沟内随水

图7-10 甜瓜水肥管理

浇施。膨瓜期根外喷施0.3%磷酸二氢钾2～3次，每次间隔7天（图7-10）。

甜瓜比西瓜的蒸腾作用强。土壤水分含量与植株生长和果实肥大的关系十分密切。果实肥大的前、中期是甜瓜一生中需水量最大的时期，这时土壤湿度应维持在最大持水量的80%～85%。果实停止膨大进入成熟期时，糖分迅速积累，植株需水量减少，应减少或停止灌水，使土壤含水量维持在最大持水量的55%～60%即可。

如果水分过多，会促进茎叶生长，减少光合产物向果实转运，使果实含糖量降低，风味淡，并延迟成熟，也不耐储运。

1. 滴灌带铺设方式

基肥以充分腐熟的人粪尿、堆肥、饼肥等有机肥为主，并配施磷、钾、钙等化肥作基肥，采用沟施或穴施。一般用底施腐熟有机肥3～5立方米/亩，复合肥（总养分40%～50%）50千克/亩，深翻土壤，整平后按大小行作小高畦，畦宽40～60厘米，高15厘米；沟宽70～80厘米，平均行距60～70厘米。每个高畦上铺滴灌管，定植两行，株距30～35厘米。

图7-11 滴灌带铺设方式

建议每畦铺设两条滴灌管（带），滴头朝上，滴头间距一般30厘米。如果使用旧滴灌管（带）一定要检查其漏水和堵塞情况。施肥装置一般为压差式施肥罐或文丘里施肥器，施肥罐容积一般不低于13升（图7-11）。

2. 滴灌灌溉施肥量

滴灌施肥必须坚持少量多次的原则。定植后及时滴灌1次透水，一般灌水20～25立方米/亩；根据苗情和墒情，在伸蔓期浇1次水，灌水8～10立方米/亩；果实膨大初期滴灌1次，灌水6～12立方米/亩，果实膨大后期灌水1次，灌水10～12立方米/亩。成熟期视墒情，少量灌溉。从果实膨大期开始，每次结合滴灌加肥4～6千克/亩。

建议滴灌肥料养分含量50%～60%，含有适量中微量元素，N：P_2O_5：K_2O比例前期约为1.2：0.7：1.1，中期约为1.1：0.5：1.4，后期约为1.0：0.3：1.7。

根据滴灌肥料养分含量高低，适当增减每次加肥量。每次加肥时须控制好肥液浓度，一般在1立方米水中加入0.6～0.9千克肥料。

3. 滴灌肥料使用要求

同西瓜滴灌使用要求。

二、甜瓜微喷施肥技术

1. 微喷带铺设方式

底施腐熟有机肥3～5立方米/亩，复合肥（总养分40%～50%）50千克/亩，深翻土壤，整平后按大小行作小高畦，畦宽60厘米，高15厘米；沟宽60～70厘米，平均行距60～70厘米。每个高畦上铺微喷带，定植两行，株距30～35厘米。建议每畦铺设两条微喷带，孔眼朝上，孔距一般斜3孔或斜5孔，折径4.5厘米。如果使用旧微喷带一定要检查其有无损坏。施肥装置一般为移动便携式施肥系统（图7-12）。

图7-12　微喷带斜3孔

2. 微喷灌溉施肥量

微喷灌溉施肥遵循少量多次的原则。定植后及时微喷灌溉1次透水，一般灌水20～25立方米/亩；根据苗情和墒情，在伸蔓期浇1次水，灌水10～12立方米/亩；果实膨大初期滴灌1次，灌水12～15立方米/亩，果实膨大后期灌水1次，灌水12～15立方米/亩。成熟期视墒情，少量灌溉。从果实膨大期开始，每次结合微喷加肥6～8千克/亩（图7–13）。

建议微喷灌溉肥料养分含量50%～60%，含有适量中微量元素，N：P_2O_5：K_2O比例前期约为1.2：0.7：1.1，中期约为1.1：0.5：1.4，后期约为1.0：0.3：1.7。

图7–13　甜瓜果实膨大期

根据微喷灌溉肥料养分含量高低，适当增减每次加肥量。每次加肥时须控制好肥液浓度，一般在1立方米水中加入1千克肥料。

三、甜瓜覆膜沟灌施肥技术

1. 整地作畦方式

没有条件安装滴灌的地块，采用瓦垄畦膜下暗灌技术。底施腐熟有机肥3～5立方米/亩，复合肥（总养分40%～50%）50千克/亩，深翻土壤，整平后按大小行作小高畦，畦宽60厘米，高15厘米；即利用地膜在田间灌水，水在地膜上流动的过程中通过放苗孔或膜缝慢慢地渗到作物根部，进行局部浸润灌溉，以满足作物需水要求。膜上灌水技术适合各种地膜栽培作物。整地时，做成畦面宽度50厘米左右的小高畦，再在畦上开宽30厘米左右、深20厘米左右的灌水沟，将地膜覆盖在灌水沟（每个灌水沟用3根旧铁丝或竹竿将地膜撑起）上，浇水时，将水直接浇至薄膜下面（图7-14）。

图7-14 甜瓜覆膜沟灌施肥技术

2. 覆膜沟灌灌溉施肥量

定植后灌溉1次透水，一般灌水20～25立方米/亩；根据苗情和墒情，在伸蔓期浇1次水，灌水15～20立方米/亩；果实膨大初期灌溉1次，灌水15～20立方米/亩，果实膨大后期灌水1次，灌水15～20立方米/亩。成熟期视墒情，少量灌溉。从果实膨大期开始，每次随水追施肥料10～15千克/亩。

建议使用灌溉肥料养分含量50%～60%，含有适量中微量元素，N：P_2O_5：K_2O比例前期约为1.2：0.7：1.1，中期约为1.1：0.5：1.4，后期约为1.0：0.3：1.7。

根据肥料养分含量高低，适当增减每次加肥量。每次加肥时须控制好肥液浓度，一般在1立方米水中加入1千克肥料。

3. 覆膜沟灌肥料使用要求

同西瓜覆膜沟灌肥料使用要求。

第三节 番 茄

番茄生长发育速度快，根系吸收能力比较强。苗期及始花期需水较少，结果期对水分的供应极为敏感，缺水将会使番茄产量受到严重影响。一般幼苗期适宜的土壤湿度为60%～70%；定植缓苗期需大量的水分；开花坐果前，适当控制水分，防止茎叶徒长，影响坐果；果实开始膨大后，需水量急剧增加，应经常保持土壤湿润，防止忽干忽湿。播种后要求土壤相对含水量80%以上，幼苗期65%～70%，结果期需水较多，要求土壤相对含水量75%以上。

番茄在幼苗期以氮素营养为主，在第一穗果开始结果时，对氮、磷、钾的吸收量迅速增加，氮在三要素中占50%，钾只占32%，到结果盛期和开始收获期，氮只占36%，而钾已占50%。每亩生产5 000千克番茄，需要从土壤中吸收氮7～15千克、磷1.5～2.5千克、钾12～27千克，氮、磷、钾之比为1：0.2：1.7。番茄对氮和钙的吸收规律基本相同，氮和钙的累积吸收量均呈直线上升，从第一穗果膨大期开始，吸收速率迅速加快，吸氮量急剧增加。番茄对磷的吸收以植株生长前期为主，在第一穗果长到核桃大小时，吸磷量约占总量的90%，因此，苗期供磷不足，不利于花芽分化和植株发育。番茄的需钾特点是从坐果开始一直呈直线上升，果实膨大期的吸收量占吸收总量的70%以上。番茄前期主要补磷、镁，果实膨大期补充钾，氮和钙吸收量一直呈增加趋势（图7-15、图7-16）。

图7-15　番茄水肥一体化技术

图7-16　番茄苗期水肥一体化

一、番茄滴灌施肥技术

滴灌施肥是指在有压水源条件下，利用施肥装置将配制好的肥料溶液注入滴灌系统，通过滴水器将水肥混合液以较小流量均匀稳定地输送到作物根部土壤的一种农业技术，它具有节水省肥、节药省工、增产提质、节本增收等优点。

（一）番茄栽培要点

北京地区秋茬番茄一般在7月底8月初育苗，8月底9月初定植，翌年1月拉秧。适宜品种为金棚系列、硬粉8、仙客5号等。对于栽培多年的棚室，应在夏季休闲期采用高温闷棚等方式对土壤和有机肥进行杀菌消毒。

底施腐熟有机肥3～5立方米/亩，复合肥（总养分40%～50%）50～75千克/亩，深翻土壤，整平后按大小行作小高畦，畦宽40～60厘米，高15厘米；沟宽70～80厘米，平均行距60～70厘米。每个高畦上铺滴灌管（带），定植两行，株距30～35厘米（图7–17）。

图7–17 底施有机肥

（二）滴灌施肥系统

建议每畦铺设两条滴灌管（带），滴头朝上，滴头间距一般30厘米。如果使用旧滴灌管（带）一定要检查其漏水和堵塞情况。施肥装置一般为压差式施肥罐或文丘里施肥器，施肥罐容积一般不低于13升。

（三）滴灌肥料选择

1. 肥料要求

常温下能够溶解于灌溉水；与其他肥料混合不产生沉淀；不会引起灌溉水酸碱度的剧烈变化；对滴灌系统腐蚀性较小。

2. 常用肥料

一般分为自制肥和专用肥。自制肥是指选用溶解性好的单质肥料或复合肥料临时配制的滴灌肥，原料一般选用尿素、磷酸二氢钾、硝酸钾、硝酸铵、工业或食品级磷酸一铵、硝酸钙、磷酸、硝酸镁、螯合态微肥等。由于自制肥的各元素（尤其是微量元素）间有一定的拮抗反应，可能产生沉淀而堵塞滴灌系统，建议使用滴灌专用肥。

（四）滴灌施肥方案

滴灌施肥必须坚持少量多次的原则。

1. 滴灌灌水方案

定植后及时滴灌1次透水，一般灌水20～25立方米/亩；根据蹲苗需要和墒情状况，在苗期和开花期各滴灌1～2次，每次灌水6～10立方米/亩；从果实膨大期开始每隔5～10天滴灌1次，每次灌水6～12立方米/亩。拉秧前10～15天停止浇水（图7-18）。

图7-18　番茄膨果期

2. 滴灌加肥方案

苗期和开花期，每次结合滴灌加肥3～5千克/亩（纯养分$N+P_2O_5+K_2O$）；从果实膨大期开始，每次结合滴灌加肥4～6千克/亩。视番茄长势，可在某次滴灌时停止加肥1次，但在上一次或下一次滴灌施肥时要适当增加肥料用量；拉秧前10～15天停止加肥。

3. 注意事项

建议滴灌肥料养分含量50%～60%，含有适量中微量元素，$N:P_2O_5:K_2O$比例前期约为1.2∶0.7∶1.1，中期约为1.1∶0.5∶1.4，后期约为1.0∶0.3∶1.7。

根据滴灌肥料养分含量高低，适当增减每次加肥量。每次加肥时须控制好肥液浓度，一般在1立方米水中加入0.6～0.9千克肥料。

秋季随着气温的降低和蒸发量的减少，逐步延长灌溉间隔时间，要相应减少施肥量。

（五）滴灌施肥操作

1. 肥料溶解

按照滴灌施肥的要求，先将肥料溶解于水，然后将过滤后的肥液倒入施肥罐中（采用压差式施肥法时），或倒入敞开的塑料桶中（采用文丘里施肥法时）。

2. 施肥操作

滴灌加肥一般在灌水20～30分钟后进行。

压差式施肥法：施肥罐与主管上的调压阀并联，施肥罐的进水管要达罐底。施肥时，拧紧罐盖，打开罐的进水阀，罐注满水后再打开罐的出水阀，调节压差以保持施肥速度正常。加肥时间一般控制在40～60分钟，防止施肥不均或不足（图7-19）。

文丘里施肥法：文丘里施肥器与主管上的阀门并联，将事先溶解好的肥液倒入一敞开的容器中，将文丘里器的吸头放入肥液中，吸头应有过滤网，吸头不要放在容器的底部。打开吸管上阀门并调节主管上的阀门，使吸管能够均匀稳定的吸取肥液（图7-20）。

图7-19 压差式施肥

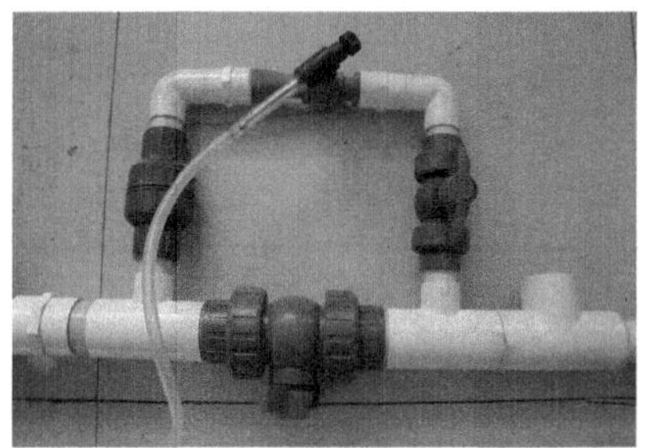

图7-20 文丘里施肥

3. 系统维护

每次施肥结束后继续滴灌20～30分钟，以冲洗管道。滴灌施肥系统运行一个生长季后，应打开过滤器下部的排污阀放污，清洗过滤网。施肥罐底部的残渣要经常清理，每3次滴灌施肥后，将每条滴灌管（带）末端打开进行冲洗。如果本地区水的碳酸盐含量较高，每一个生长季后，用30%的稀盐酸溶液（40～50升）注入滴灌管（带），保留20分钟，然后用清水冲洗（图7-21）。

图7-21　清洗过滤网

二、番茄微喷施肥技术

微喷施肥是指利用移动便携式施肥装置将配制好的肥料溶液注入微喷带，通过微喷带出水孔将水肥混合液以较小流量相对均匀地输送到作物根部土壤的一种农业技术，它具有节水省肥、节药省工、增产提质、节本增收等优点，与滴灌相比，操作简单，对肥料要求不严格（图7-22）。

图7-22　微喷浇水施肥

（一）微喷施肥系统

建议每畦铺设两条微喷带，出水孔朝上，采用斜3孔或斜5孔折径4.5厘米微喷带。如果使用旧微喷带一定要检查其漏水和损坏情况。施肥装置一般为移动便携式施肥系统，施肥桶容积一般不低于100升。

（二）微喷肥料选择

同西瓜微喷肥料选择。

（三）微喷施肥方案

微喷施肥坚持少量多次的原则。

1. 微喷灌水方案

定植后及时微喷灌溉1次透水，一般灌水20～25立方米/亩；根据蹲苗需要和墒情状况，在苗期和开花期各滴灌1～2次，每次灌水10～15立方米/亩；从果实膨大期开始每隔5～10天微喷灌溉1次，每次灌水12～15立方米/亩。拉秧前10～15天停止浇水。

2. 微喷加肥方案

苗期和开花期，每次结合微喷加肥5～7千克/亩（纯养分$N+P_2O_5+K_2O$）；从果实膨大期开始，每次结合微喷加肥6～10千克/亩。视番茄长势，可在某次微喷时停止加肥1次，但在上一次或下一次微喷施肥时要适当增加肥料用量；拉秧前10～15天停止加肥。

3. 注意事项

建议微喷肥料养分含量50%～60%，含有适量中微量元素，$N:P_2O_5:K_2O$比例前期约为1.2：0.7：1.1，中期约为1.1：0.5：1.4，后期约为1.0：0.3：1.7。

根据微喷肥料养分含量高低，适当增减每次加肥量。每次加肥时须控制好肥液浓度，一般在1立方米水中加入1千克肥料。

秋季随着气温的降低和蒸发量的减少，逐步延长灌溉间隔时间，要相应减少施肥量。

（四）微喷施肥操作

1. 肥料溶解

先将肥料溶解于施肥桶中，然后通过移动便携式微喷施肥系统将肥液注入微喷管道。

2. 施肥操作

微喷加肥一般在灌水10分钟后进行。

3. 系统维护

每次施肥结束后继续微喷10～15分钟，以冲洗管道。

三、番茄覆膜沟灌施肥技术

覆膜沟灌施肥是指利用移动便携式施肥装置将配制好的肥料溶液注入微喷带，通过微喷带出水孔将水肥混合液以较小流量相对均匀地输送到作物根部土壤的一种农业技术，它具有节水省肥、节药省工、增产提质、节本增收等优点，与滴灌相比，操作简单，对肥料要求不严格。

该技术适用于小高畦宽窄行种植作物，如茄果类蔬菜等。膜下沟灌时先做成畦面宽度50厘米左右的小高畦，再在畦上开宽30厘米左右、深20厘米左右的灌水沟，将地膜覆盖在灌水沟（每个灌水沟用3根旧铁丝或竹竿将地膜撑起）上。膜上沟灌时可在整地后做成宽50厘米左右、深10～15厘米的缓坡沟，直接将膜铺于灌水沟上，并在沟内作物附近扎孔以利于日后灌溉时水的下渗。注意在作物定植前要施入除草剂，以防膜下或沟内生长杂草，也可采用黑色的地膜防草。利用PE薄壁输水软管配合施肥装置将肥水混合液输送到作物根系附近（图7-23至图7-25）。

图7-23 膜下沟灌施肥技术

图7-24 膜上沟灌施肥技术

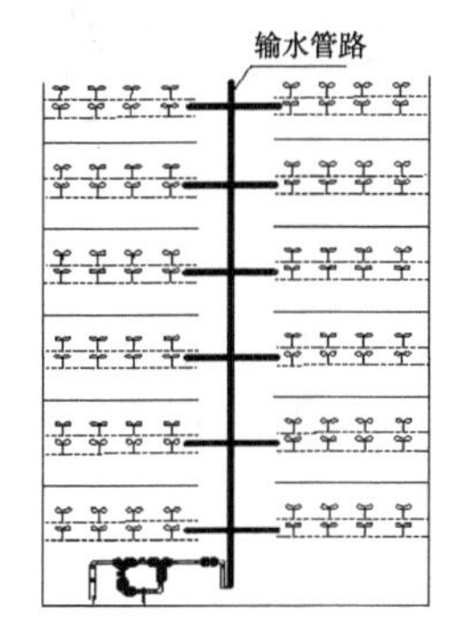

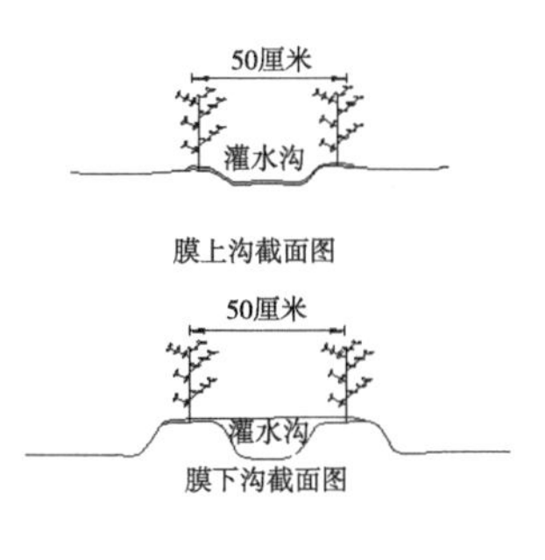

图7-25 塑料大棚覆膜沟灌示意图

注：膜上沟灌灌水沟宽约50厘米，深约15厘米；
膜下沟灌灌水沟宽约40厘米，深约20厘米

春茬（冬春茬）番茄采用膜下沟灌施肥，定植前按常规栽培方式施入基肥，并按上述方法整地作畦。定植后需立即灌溉缓苗水15～20立方米/亩，并在一周后再灌溉1次。以后视天气情况每隔12～15天灌溉1次，每次灌溉20立方米/亩左右，并隔次随灌溉冲肥（N：P_2O_5：K_2O=20：10：10）15千克/亩左右。番茄每穗果的膨大期均随水施入水溶肥料（N：P_2O_5：K_2O=15：5：20）15千克/亩，后期随着天气转暖，灌溉间隔天数要适当缩短。春茬（冬春茬）番茄采用膜上沟灌施肥，每次灌水量可较膜下沟灌施肥减少3～4立方

米/亩，施肥操作同膜下沟灌施肥。

秋茬（秋冬茬）番茄采用膜下沟灌施肥，定植前按常规操作施入基肥，并按上述方法整地作畦。定植后需立即灌溉缓苗水20～25立方米/亩，并隔1周左右再进行灌溉1次。以后视天气情况每隔10～12天灌溉1次，每次18立方米/亩左右，并隔次随灌溉冲肥（N：P_2O_5：K_2O=20：10：10）15千克/亩左右。番茄每穗果的膨大期均随水施入水溶肥料（N：P_2O_5：K_2O=15：5：20）15千克/亩，后期随着天气转凉，灌溉间隔天数要适当延长。秋茬（秋冬茬）番茄采用膜上沟灌施肥时，每次灌水量可较膜下沟灌施肥减少3～4立方米/亩，施肥操作同膜下沟灌施肥（图7-26）。

图7-26　番茄覆膜沟灌

第四节　黄　瓜

黄瓜喜湿而不耐旱，它要求较高的土壤温度和空气湿度。土壤湿度以85%～90%为宜。空气湿度以白天80%、夜间90%为宜。黄瓜在不同的生育阶段对水分需求也不相同。发芽期要求充足的水分，以便种子在适宜的湿度条件下萌发、出苗，但水分不能过多，尤其在土壤温度过低不利于种子发芽时，常会引起种子腐烂，对已经发芽的种子引起根尖发黄或锈根。在幼苗期需水较少，应适当供水，如果土壤过湿，温度低容易发生烂根等病害，温度高易发生幼苗徒长，雌花迟现。在开花坐果初期要适当控水，直到坐住根瓜。结瓜盛期营养生长和生殖生长量都很大，而且叶片面积大，光合作用和蒸腾作用都比较强，果实采收量不断增加，因而水分供应一定要充足，否则会因水分不足而发生尖嘴细腰等畸形果。但水分过多、土壤潮湿、空气湿度大时，病害严重，降低产量。因此在黄瓜的整个生育期间要注意水分的适当供应，以达到高产、高效（图7-27）。

黄瓜需肥量每1 000千克商品瓜需N 2.8～3.2千克、P_2O_5 1.2～1.8千克、K_2O 3.3～4.4千克、CaO 2.9～3.9千克、MgO 0.6～0.8千克。N、P、K比例为1∶0.4∶1.6。注：黄瓜对N、P、K的吸收是随着生育期的推进而有所变化的，从播种到抽蔓吸收的数量增加；进入结瓜期，对各养分吸收的速度加快；到盛瓜期达到最大值，结瓜后期则又减少。黄瓜定植后30天内对氮的吸收量猛增，70天后吸收量开始变小。氮在各器官的吸收比例为定植后的30天内，叶比果实吸收多，而茎最少；至50天，果实吸收量与叶接近；70～90天，果实吸收量均超过叶部，而茎增长最慢，吸收量也最少。黄瓜的全生育期不可缺磷，特别在后20～40天磷的效果格外显著，此时绝对不可忽视磷肥的施用。黄瓜全生育期不能缺钾，不论是营养生长还是生殖生长，缺钾都会使黄瓜减产，前半期缺钾较后期缺钾后果更为严重，将使黄瓜大幅度减产（图7-28）。

图7-27　黄瓜花期水肥管理

图7-28　黄瓜结果期水肥管理

一、日光温室秋冬茬黄瓜滴灌施肥技术

滴灌施肥是指在有压水源条件下，利用施肥装置将配制好的肥

料溶液注入滴灌系统，通过滴水器将水肥混合液以较小流量均匀稳定地输送到作物根部土壤的一种农业技术，它具有节水省肥、节药省工、增产提质、节本增收等优点。

北京地区该茬黄瓜一般在8月底至9月初育苗，9月上中旬定植，10月开始采收，条件好的温室可到翌年的6月上中旬拉秧。适宜品种为中农16、北京102等。对于栽培多年的日光温室可采用高温闷棚、石灰氮等方式对土壤和有机肥进行杀菌消毒，防治根结线虫。

底施腐熟有机肥10 000千克/亩，复合肥（总养分40%～50%）50～75千克/亩，深翻土壤，整平后按大小行作小高畦，畦宽40～60厘米，高15厘米；沟宽70～80厘米，平均行距60～70厘米。每个高畦上铺滴灌管（如盖地膜，建议用黑膜），定植两行，株距25厘米，嫁接苗株距可30～37厘米（图7–29）。

建议每畦铺设两条滴灌管（带），滴头朝上，滴头间距一般30厘米。如果使用旧滴灌管（带）一定要检查其漏水和堵塞情况。施肥装置一般为压差式施肥罐或文丘里施肥器，施肥罐容积不低于13升（施肥罐最好采用深颜色的筒体，以免紫外线照射产生藻类堵塞滴灌系统）（图7–30）。

图7–29　黄瓜苗期滴灌施肥技术

图7–30　黄瓜种植滴灌带铺设

1. 肥料要求

常温下能够溶解于灌溉水；与其他肥料混合不产生沉淀；不会

引起灌溉水酸碱度的剧烈变化；对滴灌系统腐蚀性较小（图7-31）。

图7-31　黄瓜滴灌水肥一体化

2. 常用肥料

一般分为自制肥和专用肥。自制肥是指选用溶解性好的单质肥料或复合肥料临时配制的滴灌肥，原料一般选用尿素、磷酸二氢钾、硝酸钾、硝酸铵、工业或食品级磷酸一铵、硝酸钙、磷酸、硝酸镁、螯合态微肥等。由于自制肥的各元素（尤其是微量元素）间有一定的拮抗反应，会产生沉淀而堵塞滴灌系统，建议使用滴灌专用肥。

3. 滴灌施肥方案

滴灌施肥必须坚持少量多次的原则。

（1）滴灌灌水方案。

①定植后及时滴灌1次透水，一般灌水20～25立方米/亩。

②在苗期和开花期各滴灌1～2次，每次灌水6～10立方米/亩，如墒情好也可不浇水。

③坐瓜后每隔4～8天滴灌1次，每次灌水5～10立方米/亩。

④拉秧前10天停止浇水。

（2）滴灌加肥方案。

①苗期和开花期如果滴灌，每次结合滴灌加肥3～4千克/亩。

②从果实膨大期开始，每次结合滴灌加肥4～5千克/亩。视黄瓜长势，可在某次滴灌时停止加肥1次，但在上一次或下一次滴灌施肥时要适当增加肥料用量。

③拉秧前10天停止加肥。

（3）注意事项。建议滴灌肥料养分含量50%～60%，含有适量中微量元素，$N：P_2O_5：K_2O$比例前期约为1.2：0.7：1.1，中期约为

1.1∶0.5∶1.4，后期约为1.0∶0.3∶1.7。

①根据滴灌肥料养分含量高低，适当增减每次加肥量。每次加肥时须控制好肥液浓度，一般在1立方米水中加入0.6～0.9千克肥料。

②秋季随着气温的降低和蒸发量的减少，逐步延长灌溉间隔时间，要相应减少施肥量。

4. 滴灌施肥操作

（1）肥料溶解。按照滴灌施肥的要求，先将肥料溶解于水，然后将过滤后的肥液倒入施肥罐中（采用压差式施肥法时），或倒入敞开的塑料桶中（采用文丘里施肥法时）。

（2）施肥操作。滴灌加肥一般在灌水20～30分钟后进行。

①压差式施肥法：施肥罐与主管上的调压阀并联，施肥罐的进水管要达罐底。施肥时，拧紧罐盖，打开罐的进水阀，罐注满水后再打开罐的出水阀，调节压差以保持施肥速度正常。加肥时间一般控制在40～60分钟，防止施肥不均或不足（图7-32）。

②文丘里施肥法：文丘里施肥器与主管上的阀门并联，将事先溶解好的肥液倒入一敞开的容器中，将文丘里器的吸头放入肥液中，吸头应有过滤网，吸头不要放在容器的底部。打开吸管上阀门并调节主管上的阀门，使吸管能够均匀稳定的吸取肥液。

图7-32 压差式施肥法

5. 系统维护

每次施肥结束后继续滴灌20～30分钟，以冲洗管道。滴灌施肥系统运行一个生长季后，应打开过滤器下部的排污阀放污，清洗过滤网。施肥罐底部的残渣要经常清理，每3次滴灌施肥后，将每条滴灌管（带）末端打开进行冲洗。如果本地区水的碳酸盐含量较高，每一个生长季后，用30%的稀盐酸溶液（40～50升）注入滴灌管（带），保留20分钟，然后用清水冲洗（图7-33）。

图7-33　碟片式滤芯清洗

二、大棚秋茬黄瓜滴灌施肥技术

滴灌施肥是指在有压水源条件下，利用施肥装置将配制好的肥料溶液注入滴灌系统，通过滴水器将水肥混合液以较小流量均匀稳定地输送到作物根部土壤的一种农业技术，它具有节水省肥、节药省工、增产提质、节本增收等优点。

秋茬黄瓜一般7月底8月初直播，采用穴播法，每穴2～3粒种子。适宜品种为津绿11、改良津春2号。2～3片真叶时定苗，10月底拉秧（图7-34）。

直播前底施腐熟有机肥2 000～3 000千克/亩，N、P、K三元素复合肥75千克/亩，集中施入栽培床上，浅翻与土混匀。畦的方向为东西行向，大小行，大行距90厘米，小行距50厘米，然后铺滴灌管（如铺地膜，建议用黑膜）。在栽培垄上按行距70～75厘米的行距定植两行黄瓜，株距22～24厘米（图7-35）。

建议每畦铺设两条滴灌管（带），滴头朝上，滴头间距一般30厘米。如果用旧滴灌管（带）一定要检查其漏水和堵塞情况。施肥装置一般为压差式施肥罐或文丘里施肥器，施肥罐容积不低于13升（施肥罐最好采用深颜色的筒体，以免紫外线照射产生藻类堵塞滴灌系统）（图7-36）。

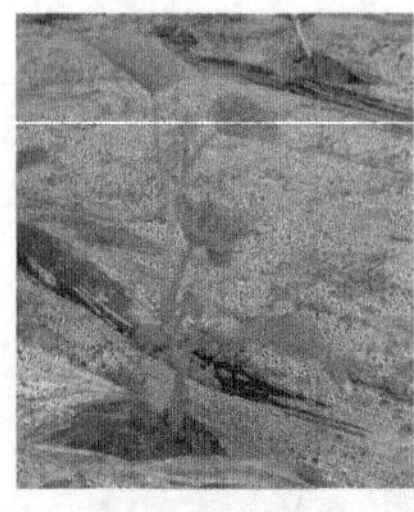
图7-34 黄瓜苗期管理

图7-35 底施有机肥

图7-36 黄瓜水肥一体化

1. 肥料要求

常温下能够溶解于灌溉水；与其他肥料混合不产生沉淀；不会引起灌溉水酸碱度的剧烈变化；对滴灌系统腐蚀性较小。

2. 常用肥料

一般分为自制肥和专用肥。自制肥是指选用溶解性好的单质肥料或复合肥料临时配制的滴灌肥，原料一般选用尿素、磷酸二氢钾、硝酸钾、硝酸铵、工业或食品级磷酸一铵、硝酸钙、磷酸、硝酸镁、螯合态微肥等。由于自制肥的各元素（尤其是微量元素）间有一定的拮抗反应，会产生沉淀而堵塞滴灌系统，建议使用滴灌专用肥。液体肥适用滴灌施肥。

3. 滴灌施肥方案

滴灌施肥必须坚持少量多次的原则。

（1）滴灌灌水方案。

①苗期应注意防雨水灌畦，加大通风降低温度。雨前及时关闭风口，下雨后应及时排水防止渍水；雨后天晴，及时滴灌3立方米/亩降温。

②坐瓜后每隔4～8天滴灌1次，每次灌水5～10立方米/亩。

③拉秧前10天停止浇水。

（2）滴灌加肥方案。

①苗期和开花期，如需滴灌，每次结合滴灌加肥2～4千克/亩。

②从果实膨大期开始，每次结合滴灌加肥3～5千克/亩。视黄瓜长势，可在某次滴灌时停止加肥1次，但在上一次或下一次滴灌施肥时适当增加肥料用量。

③拉秧前10天停止加肥。

（3）注意事项。建议滴灌肥料养分含量50%～60%，含有适量中微量元素，N：P_2O_5：K_2O比例前期约为1.2：0.7：1.1，中期约为1.1：0.5：1.4，后期约为1.0：0.3：1.7。

①根据滴灌肥料养分含量高低，适当增减每次加肥量。每次加肥时须控制好肥液浓度，一般在1立方米水中加入0.6～0.9千克肥料。

②秋季随着气温的降低和蒸发量的减少，逐步延长灌溉间隔时间，要相应减少施肥量。

4. 滴灌施肥操作

（1）肥料溶解。按照滴灌施肥的要求，先将肥料溶解于水，然后将过滤后的肥液倒入施肥罐中（采用压差式施肥法时），或倒入敞开的塑料桶中（采用文丘里施肥法时）。

（2）施肥操作。滴灌加肥一般在灌水20～30分钟后进行。

①压差式施肥法：施肥罐与主管上的调压阀并联，施肥罐的进水管要达罐底。施肥时，拧紧罐盖，打开罐的进水阀，罐注满水后再打开罐的出水阀，调节压差以保持施肥速度正常。加肥时间一般控制在40～60分钟，防止施肥不均或不足（图7-37）。

图7-37　压差式施肥

②文丘里施肥法：文丘里施肥

器与主管上的阀门并联，将事先溶解好的肥液倒入一敞开的容器中，将文丘里器的吸头放入肥液中，吸头应有过滤网，吸头不要放在容器的底部。打开吸管上阀门并调节主管上的阀门，使吸管能够均匀稳定的吸取肥液（图7-38）。

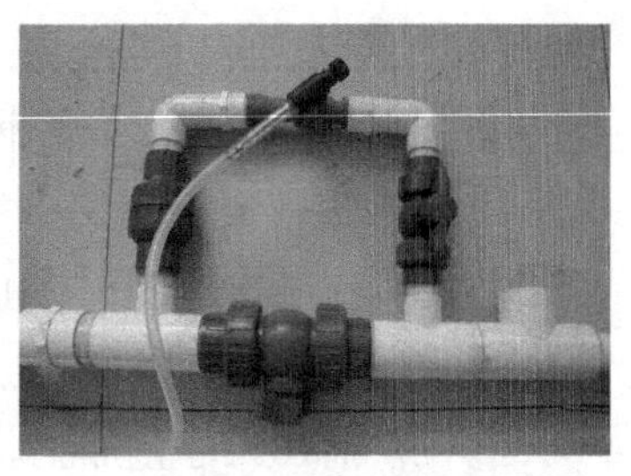

图7-38 文丘里施肥

每次施肥结束后继续滴灌20～30分钟，以冲洗管道。滴灌施肥系统运行一个生长季后，应打开过滤器下部的排污阀放污，清洗过滤网。施肥罐底部的残渣要经常清理，每3次滴灌施肥后，将每条滴灌管（带）末端打开进行冲洗。如果本地区水的碳酸盐含量较高，每一个生长季后，用30%的稀盐酸溶液（40～50升）注入滴灌管（带），保留20分钟，然后用清水冲洗。

三、黄瓜覆膜沟灌施肥技术

黄瓜采用覆膜沟灌的技术操作可参照番茄，但灌溉量和施肥量要适量增加。

第五节 甜（辣）椒

在辣椒生长初期阶段，辣椒种子发芽的适宜温度是23～30℃，如若在发芽阶段低于15℃，那么辣椒种子是不能发芽的。辣椒苗在开花和结果阶段也需要保证温度在20～25℃，夜间也需要保持在15～20℃。温度如果相对过高，土壤温度也高，尤其是强光直接照射地面，那对辣椒苗的生长是十分不利的，容易出现日灼病。温度过低会直接导致辣椒苗毁坏。辣椒种植切忌连续种植，也不能与茄子、番薯以及马铃薯等同科目的作物进行连续种植。栽培辣椒的地块还需要保持良好的排水，保持排灌方便，最好做到冬耕，休闲冻土，改良土壤（图7-39、图7-40）。

图7-39 甜椒水肥一体化

图7-40 甜椒苗期管理

辣椒种植最重要的条件之一就是土壤。尽量选择相对较为肥沃的土壤，最好选择前一年没有种植过辣椒的土壤。辣椒的生长根系相对较弱，对土质和水质的要求也是相对较高的，一般可以选择在排水较好的肥沃土壤中，最好测量土壤的酸碱度，尽量保持在微酸性土壤中，不能使用碱性土壤。因为碱性土壤中很容易滋生虫卵，容易发生病害。

甜椒对不同时期施用氮素的吸收及在各器官内的分配率差异较大：发棵期植株小、根系弱、吸收能力差，因而对氮的吸收率低；结果期一方面茎叶迅速生长，维持较大的同化系统需较多氮素，另一方面果实采摘又带走大量氮素，因而对氮的吸收加强。从不同时期对氮素的吸收利用率看，后期对氮素的利用率最高，但不能盲目多施，而要结合植株长势，采取各种肥料配合才能取得理想效果，否则用氮素过多，就会引起茎叶徒长，造成落花落果，引起减产。甜椒植株的氮素有60%左右来自土壤氮，而从肥料中吸收的氮素仅40%左右，因而生产上依靠施用化学肥料来满足甜椒的生长需求是远远不够的，施肥仅是增产的一个方面，重要的是多施肥效长、养分全面的有机肥，以培肥地力，做到土地的种养结合，实现农业的可持续发展，以达高产稳产之目的。

一、甜（辣）椒滴灌施肥技术

主要介绍日光温室秋冬茬甜（辣）椒滴灌施肥技术。

滴灌施肥是指在有压水源条件下，利用施肥装置将配制好的肥料溶液注入滴灌系统，通过滴水器将水肥混合液以较小流量均匀稳定地输送到作物根部土壤的一种农业技术，它具有节水省肥、节药省工、增产提质、节本增收等优点。

二、甜（辣）椒栽培要点

北京地区该茬甜（辣）椒一般在7月中下旬育苗，8月底至9月上旬定植，11月上旬开始采收，翌年1—6月拉秧。适宜品种为中椒2号和彩椒系列等早熟抗病品种。对于栽培多年的日光温室，在夏季休闲期采用高温闷棚等方式对土壤和有机肥进行杀菌消毒。

底施腐熟有机肥5 000千克/亩，复合肥（总养分40%～50%）50～75千克/亩，整平后按大小行作小高畦，畦宽40～60厘米，高15厘米；沟宽70～80厘米，平均行距60～70厘米。每个高畦上铺滴灌管（如盖地膜，建议用黑膜），定植两行，每穴双株（单株移苗，双株定植），株距35厘米，每亩3 200～3 400穴（6 400～6 800）株（图7-41）。

图7-41　甜椒整地作畦

三、滴灌施肥系统

建议每畦铺设两条滴灌管（带），滴头朝上，滴头间距一般30厘米。如果使用旧滴灌管（带）一定要检查其漏水和堵塞情况。施肥装置一般为压差式施肥罐或文丘里施肥器，施肥罐容积不低于13升（施肥罐最好采用深颜色的筒体，以免紫外线照射产生藻类堵塞滴灌系统）（图7-42）。

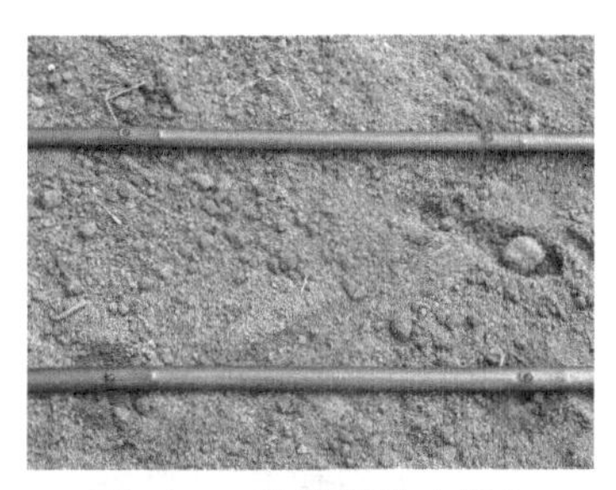

图7-42 滴灌带滴头朝上

四、滴灌肥料选择

参照西瓜滴灌肥料选择。

五、滴灌施肥方案

滴灌施肥必须坚持少量多次的原则。

1. 滴灌灌水方案

（1）定植后及时滴灌1次透水，一般灌水20～25立方米/亩。

根据蹲苗需要和墒情状况，在苗期和开花期各滴灌1～2次，每次灌水6～10立方米/亩。

（2）从门椒坐果后每隔5～10天滴灌1次，每次灌水6～12立方米/亩。

（3）拉秧前10～15天停止浇水。

2. 滴灌加肥方案

（1）苗期和开花期，每次结合滴灌加肥3～5千克/亩。

（2）从果实膨大期开始，每次结合滴灌加肥4～6千克/亩。视甜（辣）椒长势，可在某次滴灌时停止加肥1次，但在上一次或下一次滴灌施肥时要适当增加肥料用量（图7-43）。

图7-43 辣椒结果期长势

（3）拉秧前10～15天停止加肥。

3. 注意事项

建议滴灌肥料养分含量50%～60%，含有适量中微量元素，N∶P_2O_5∶K_2O比例前期约为1.2∶0.7∶1.1，中期约为1.1∶0.5∶1.4，后期约为1.0∶0.3∶1.7。

（1）根据滴灌肥料养分含量高低，适当增减每次加肥量。每次加肥时须控制好肥液浓度，一般在1立方米水中加入0.6～0.9千克肥料。

（2）秋季随着气温的降低和蒸发量的减少，逐步延长灌溉间隔时间，要相应减少施肥量。

六、滴灌施肥操作

1. 肥料溶解

按照滴灌施肥的要求，先将肥料溶解于水，然后将过滤后的肥液倒入施肥罐中（采用压差式施肥法时），或倒入敞开的塑料桶中（采用文丘里施肥法时）。

2. 施肥操作

滴灌加肥一般在灌水20～30分钟后进行。

（1）压差式施肥法。施肥罐与主管上的调压阀并联，施肥罐的进水管要达罐底。施肥时，拧紧罐盖，打开罐的进水阀，罐注满水后再打开罐的出水阀，调节压差以保持施肥速度正常。加肥时间一般控制在40～60分钟，防止施肥不均或不足。

（2）文丘里施肥法。文丘里施肥器与主管上的阀门并联，将事先溶解好的肥液倒入一敞开的容器中，将文丘里器的吸头放入肥液中，吸头应有过滤网，吸头不要放在容器的底部。打开吸管上阀门并调节主管上的阀门，使吸管能够均匀稳定的吸取肥液。

3. 系统维护

每次施肥结束后继续滴灌20～30分钟，以冲洗管道。滴灌施肥系统运行一个生长季后，应打开过滤器下部的排污阀放污，清洗过滤网。施肥罐底部的残渣要经常清理，每3次滴灌施肥后，将每条滴灌管（带）末端打开进行冲洗。如果本地区水的碳酸盐含量较高，每一个生长季后，用30%的稀盐酸溶液（40～50升）注入滴灌管（带），保留20分钟，然后用清水冲洗。

第六节 茄 子

茄子根系发达，生长旺盛，对肥水要求较高，耐肥，不耐旱不耐涝，必须加强肥水管理。果实发育的前、中、后期，应掌握“少、多、少”的肥水管理原则。茄子是喜肥耐肥作物，采摘期较长，产量较高，对养分吸收量大。据研究表明，一般每生产1 000千克茄子，需氮肥（N）2.6～3.3千克、磷肥（P_2O_5）0.6～1.0千克、钾肥（K_2O）3.1～5.6千克、钙肥（CaO）1.0～1.2千克、镁肥（MgO）0.4～0.6千克。茄子全生育期对氮（N）、磷（P_2O_5）、钾（K_2O）、钙（CaO）、镁（MgO）养分的吸收比例为1：0.27：1.42：0.39：0.16，对各养分吸收量大小顺序为：钾>氮>钙>磷>镁。茄子在不同的生育期对氮、磷、钾三大养分的吸收量有所不同，其吸收量随着生育期的延长而增加，盛果期至末果期对养分的吸收量占全生育期的90%左右，在幼苗期对养分的吸收量较小，但是对养分的丰缺很敏感，养分的供应状况对幼苗的生长和花芽分化有影响。茄子植株从幼苗期至开花结果期对养分的吸收量是逐渐增加的，在开始采摘果实后进入养分吸收量最大的时期，对氮、钾的吸收量快速增加，对钙、镁的吸收量也有所增加。氮在茄子各生育期都不能缺少，供应不足生长势弱，影响开花结果；充足供应可促进果实的良好发育。茄子对磷的需要量较少，但磷养分对茄子的花芽分化有影响，在前期应满足磷的供应。茄子对钾的吸收量到生育中期与氮的吸收量基本相当，以后显著增高，在盛果期对氮、钾的吸收量增多（图7–44）。

这里主要介绍日光温室秋冬茬茄子滴灌施肥技术。

滴灌施肥是指在有压水源条件下，利用施肥装置将配制好的肥料溶液注入滴灌系统，通过滴水器将水肥混合液以较小流量均匀稳定地输送到作物根部土壤的一种农业技术，它具有节水省肥、节药省工、增产提质、节本增收等优点。

图7–44　茄子水肥一体化管理

一、茄子栽培要点

北京地区该茬茄子一般在6月下旬至7月下旬育苗，8月下旬至9月上中旬定植，12月始收，翌年6月下旬拉秧。适宜品种为天津紫皮快等早熟品种。对于栽培多年的日光温室，应对土壤和有机肥进行杀菌消毒。

底施腐熟有机肥3 000 ~ 5 000千克/亩，复合肥（总养分40% ~ 50%）50 ~ 75千克/亩，集中沟施，混匀整平后按大小行作小高畦，畦宽40 ~ 60厘米，高15厘米；沟宽70 ~ 80厘米，平均行距60 ~ 70厘米。每个高畦上铺滴灌管（如盖地膜，建议用黑膜），定植两行，株距35厘米（如长年栽培，株行距以100厘米 × 60厘米为宜）（图7–45）。

图7–45　茄子种植前整地

二、滴灌施肥系统

建议每畦铺设两条滴灌带（管），滴头朝上，滴头间距一般30厘米。如果用旧滴灌管（带）一定要检查其漏水和堵塞情况。施肥装置一般为压差式施肥罐或文丘里施肥器，施肥罐容积不低于13升（施肥罐最好采用深颜色的筒体，以免紫外线照射产生藻类堵塞滴灌系统）。

三、滴灌肥料选择

1. 肥料要求

常温下能够溶解于灌溉水；与其他肥料混合不产生沉淀；不会引起灌溉水酸碱度的剧烈变化；对滴灌系统腐蚀性较小。

2. 常用肥料

一般分为自制肥和专用肥。自制肥是指选用溶解性好的单质肥料或复合肥料临时配制的滴灌肥，原料一般选用尿素、磷酸二氢钾、硝酸钾、硝酸铵、工业或食品级磷酸一铵、硝酸钙、磷酸、硝酸镁、螯合态微肥等。由于自制肥的各元素（尤其是微量元素）间有一定的拮抗反应，会产生沉淀而堵塞滴灌系统，建议使用滴灌专用肥。液体肥适用滴灌施肥（图7-46）。

图7-46　压差式施肥

四、滴灌施肥方案

滴灌施肥必须坚持少量多次的原则。

1. 滴灌灌水方案

（1）定植后及时滴灌1次透水，一般灌水20～25立方米/亩。

（2）根据蹲苗需要和墒情，在苗期和开花期各滴灌1次，每次灌水6～10立方米/亩；门茄坐果后，每隔5～10天滴灌1次，每次灌水6～10立方米/亩。

（3）拉秧前10～15天停止浇水。

2. 滴灌加肥方案

（1）苗期和开花期，每次结合滴灌加肥3～5千克/亩。

（2）进入结果期后，每次结合滴灌加肥4～6千克/亩。视茄子长势，可在某次滴灌时停止加肥1次，但在上一次或下一次滴灌施肥时要适当增加肥料用量（图7-47）。

图7-47　茄子果实膨大期

（3）拉秧前10～15天停止加肥。

3. 注意事项

（1）建议滴灌肥料养分含量50%～60%，含有适量中微量元素，$N:P_2O_5:K_2O$比例前期约为1.2：0.7：1.1，中期约为1.1：0.5：1.4，后期约为1.0：0.3：1.7。

（2）根据滴灌肥料养分含量高低，适当增减每次加肥量。每次加肥时须控制好肥液浓度，一般在1立方米水中加入0.6～0.9千克肥料。

秋季随着气温的降低和蒸发量的减少，逐步延长灌溉间隔时间，要相应减少施肥量（图7-48）。

图7-48　茄子滴灌施肥

五、滴灌施肥操作

参照西瓜滴灌施肥。

第七节 其他作物

一、芹菜节水技术应用

芹菜对氮、磷、钾的要求比较完全，对硼和钙需求也较多，土壤缺硼时，叶柄基部开裂，维管束变褐。因此，在芹菜生产中应选择保水保肥力强、富含有机质的肥沃土壤种植，注意肥水的均衡供给，满足芹菜生长发育的需要。定植前，结合整地每亩施优质有机肥5 000～6 000千克、氮肥（纯氮）4千克（折合尿素8.7千克）、磷肥（五氧化二磷）5千克（折合过磷酸钙42千克）、钾肥（氧化钾）4千克（折合硫酸钾8千克），缺硼的地块亩施硼砂0.5～1千克。芹菜整个生长期保持土壤湿润。定植后3天浇1次缓苗水，微喷灌水15～20立方米/亩，待表土干湿适宜时及时中耕松土，进行蹲苗。当新叶开始生长时，结合浇水微喷15～20立方米/亩，每亩追施氮肥3千克、钾肥2～3千克。15～20天后当植株高度长至25厘米左右时，每亩再追施氮肥4千克。生长盛期5～7天浇1次水微喷15～20立方米/亩，可隔水带肥，每亩追施氮肥3千克、钾肥2～3千克（图7-49、图7-50）。

图7-49　芹菜微喷施肥技术

图7-50　芹菜水肥管理

二、结球生菜节水技术应用

结球生菜又名结球莴苣，是喜冷凉、忌高温作物，种子在4℃以上可发芽，以15～20℃为发芽适温。幼苗能耐较低温度，在日平均温度12℃时生长健壮，叶球生长最适温度为13～16℃。结球生菜为长日照作物，在生长期间需要充足的阳光。光线不足易导致结球不整齐或结球松散。虽然叶用生菜对土壤适应性较广，但为了获得良好的叶球，结球生菜必须选择肥沃的壤土或沙壤土，若土壤偏沙瘠薄、有机肥施用不足，易引起各种生理病害发生。结球生菜根系入土较浅，在结球前要求有足够水分供应，经常保持土壤湿润。结球后要求较低的空气湿度，若土壤水分过多或空气湿度较高，极易引起软腐病（图7-51）。

图7-51　结球生菜水肥管理

生产中多选择耐热、早熟的品种。定植前施足底肥，每亩施农家肥2 000千克、过磷酸钙30～40千克、硫酸钾8～10千克、尿素10～15千克充分拌匀。畦宽1米、畦高20～25厘米，双行定植；旱季畦宽2～3米，种6～9行。定植时最好两行间错档栽植，种植密度依品种及播期而异，早熟种种植略密，中晚熟种略稀。密度30厘米×40厘米，每亩定植5 300～5 500株，一般栽后5～6天可缓苗。幼苗从定植到缓苗期要保持土壤湿润，一般定植水要浇足，滴灌15立方米/亩，微喷20立方米/亩，7天左右再浇1次，滴灌微喷10～15立方米/亩，然后中耕保墒。以后可根据植株生长情况和土壤墒情灵活掌握浇水，保持土壤见干见湿。生菜发棵期和包心前期需水量多要经常保持湿润。已经结球的则应当控水防止裂球和烂心。在莲座期随水追1次氮肥，每亩施硫酸铵15～20千克或尿素10～15千克。在包心时每亩应追施1次7千克的硫酸钾，还可用0.2%

尿素或0.2%磷酸二氢钾叶面追施。定植后浇2～3次水，每次灌水量，滴灌微喷15～20立方米/亩，缓苗后为了促进根系发育，及时进行中耕，使上面疏松，增加透气性，在未封垄前，应进行第三次中耕，并及时除草，中耕不宜过深。结球生菜从定植至采收，早熟种约55天，中熟种约65天，晚熟种75～85天。但以提前几天采收为好。采收标准，可用两手从叶球两旁斜按下，以手感坚实不松为宜。收获前15天控水（图7–52、图7–53）。

图7–52 结球生菜平畦定植

图7–53 结球期水肥管理

三、油菜节水技术应用

油菜根系浅，吸水能力弱，但叶片较大，蒸腾作用较强，要保持土壤较大的湿度才能满足其生长需求。如果水分不足，则叶片发黄、组织老化，生长缓慢，品质下降。油菜对肥水的需求量以土壤中的氮最多，磷、钾次之。幼苗期生长对肥水需要量较少，3叶1心以前一般不浇水施肥，3叶1心以后生长旺盛期对肥水需要量较多。浇水施肥因天气而定，气温高时每隔5～7天浇1次水，每次微喷浇水20～25立方米/亩，并追施氮肥15千克/亩。肥对油菜产量和品质的影响很大，在施肥过程中以尿素和硫酸铵、硝酸铵效果较好。

早春露地油菜。北京地区一般于3月下旬播种，播种前视土壤墒情，浅水造墒，待水渗后播种。每亩灌水量5～10立方米。苗期需水较少，一般情况3叶1心以后生长下不旱不浇水，定完苗后，在旺盛期对肥水需要量较多，生长期间浇水3～4次，每次微喷浇水15～25立方米/亩，浇水要选晴天上午进行，收获前15天左右随水追1次肥，每亩施尿素20～25千克或硫酸铵20千克（图7–54）。

秋茬露地油菜。北京地区适宜7月中下旬至8月中旬播种。播种出苗后至4叶1心定苗时，这时期由于气温较高，要小水勤浇，禁止大水漫灌，主要是降低地温，防止病毒病的发生。进入生长期视土壤摘情进行浇水，一般浇3～4次水，每次微喷灌溉15～25立方米/亩。待收获前15天左右时，随水追施1次化肥，以氮肥为主，每亩施尿素20～25千克或硫酸铵20千克（图7–55）。

图7–54　油菜苗期管理

图7–55　油菜水肥管理

主要参考文献

陈杰，王志海，吴泽霖，2013. 大兴区农业节水灌溉发展的建议[J]. 中国水利（S1）：54-56.

陈兆波，2007. 生物节水研究进展及发展方向[J]. 中国农业科学（7）：1456-1462.

郭玉发，2018. 结球生菜种植技术[J]. 吉林蔬菜（4）：29.

黄蓉婷，2017. 浅谈生菜种植技术[J]. 农业开发与装备（9）：156.

李琳，2008. 生物和农艺节水技术在蔬菜上的研究进展[C]// 2008中国设施园艺工程学术年会论文集. 北京：2008中国设施园艺工程学术年会.

李兴华，2018. 我国农艺节水技术现状及发展趋势探析[J]. 山西农经（20）：67.

李银坤，郭文忠，薛绪掌，等，2017. 不同灌溉施肥模式对温室番茄产量、品质及水肥利用的影响[J]. 中国农业科学（19）：3757-3765.

刘晓雨，2015. 以节水为先促进大兴区农业结构调整[J]. 北京水务（6）：38-41.

孟范玉，2015. 微喷模式[J]. 北京农业（13）：22-23.

欧阳佳慧，2020. 节水灌溉技术现状与发展趋势研究[J]. 农业与技术（3）：60-62.

彭世琪，崔勇，李涛，2008. 微灌施肥农户操作手册[M]. 北京：中国农业出版社.
涂攀峰，严程明，邓兰生，等，2018. 西瓜水肥一体化技术规程[J]. 安徽农业科学（21）：137-139.
汪元元，于森，孙桂珍，2019. 北京市大兴区农业高效节水灌溉技术推广路径研究[J]. 北京水务（4）：1-5.
王会肖，蔡燕，刘昌明，2007. 生物节水及其研究的若干方面[J]. 节水灌溉（6）：32-36.
王孟文，2014. 设施芹菜种植技术[J]. 中国农技推广（7）：26-27.
徐卫红，2018. 水肥一体化实用新技术[M]. 北京：化学工业出版社.
杨小振，张显，2014. 设施栽培西瓜灌溉施肥技术研究进展[J]. 中国瓜菜（S1）：6-8.
佚名，2007. 生物节水技术让农作物自己“解渴”[J]. 中国新技术新产品精选（7）：81-85.
张保东，2012. 图说瓜菜果树节水灌溉技术[M]. 北京：金盾出版社.
张保东，2015. 北京市大兴区设施瓜菜微喷灌溉施肥技术研究与推广[J]. 中国瓜菜（4）：52-53.
张明军，2012-09-20. 芹菜水肥管理[N]. 河北科技报（B05）.
张自由，白春花，2019. 大棚茄子节水节肥增效种植技术[J]. 基层农技推广（9）：89-91.
赵俊娜，2019. 农艺发展中农艺节水技术的应用研究[J]. 河南农业（11）：37.